essentials

essentials liefern aktuelles Wissen in konzentrierter Form. Die Essenz dessen, worauf es als „State-of-the-Art" in der gegenwärtigen Fachdiskussion oder in der Praxis ankommt. essentials informieren schnell, unkompliziert und verständlich

- als Einführung in ein aktuelles Thema aus Ihrem Fachgebiet
- als Einstieg in ein für Sie noch unbekanntes Themenfeld
- als Einblick, um zum Thema mitreden zu können

Die Bücher in elektronischer und gedruckter Form bringen das Expertenwissen von Springer-Fachautoren kompakt zur Darstellung. Sie sind besonders für die Nutzung als eBook auf Tablet-PCs, eBook-Readern und Smartphones geeignet.

Essentials: Wissensbausteine aus den Wirtschafts, Sozial- und Geisteswissenschaften, aus Technik und Naturwissenschaften sowie aus Medizin, Psychologie und Gesundheitsberufen. Von renommierten Autoren aller Springer-Verlagsmarken.

Jörn Pachl

Das Sperrzeitmodell in der Fahrplankonstruktion

Anwendung – Spezialfälle – Alternativen

Prof. Dr.-Ing. Jörn Pachl
Technische Universität Braunschweig
Braunschweig
Deutschland

ISSN 2197-6708 ISSN 2197-6716 (electronic)
essentials
ISBN 978-3-658-11127-4 ISBN 978-3-658-11128-1 (eBook)
DOI 10.1007/978-3-658-11128-1

Die Deutsche Nationalbibliothek verzeichnet diese Publikation in der Deutschen Nationalbibliografie; detaillierte bibliografische Daten sind im Internet über http://dnb.d-nb.de abrufbar.

Springer Vieweg

Gedruckt auf säurefreiem und chlorfrei gebleichtem Papier

Springer Fachmedien Wiesbaden ist Teil der Fachverlagsgruppe Springer Science+Business Media
(www.springer.com)

Vorwort

Dieses Essential wendet sich an Anwender und Entwickler rechnergestützter Verfahren zur Fahrplankonstruktion im Eisenbahnwesen. Behandelt wird dabei die spezielle Fragestellung der Modellierung der betrieblichen Inanspruchnahme der Infrastruktur durch Zugfahrten als Voraussetzung für die Konstruktion konfliktfreier Fahrplantrassen. Die in den heute am Markt befindlichen Softwarelösungen realisierten Methoden, nämlich das Sperrzeitmodell und die vereinfachte Betrachtung fahrplantechnischer Zugfolgeabschnitte, werden ausführlich erläutert und mit ihren Vor- und Nachteilen gegenüber gestellt. Diskutiert werden auch alternative Ansätze und mögliche Weiterentwicklungen. Die Inhalte basieren teilweise auf dem bei Springer Vieweg erschienenen Lehrbuch „Systemtechnik des Schienenverkehrs – Bahnbetrieb planen, steuern und sichern" (Pachl 2013), gehen aber für die hier behandelte Problematik tiefer ins Detail. Damit ist dieses Werk neben dem oben genannten Leserkreis auch für Fachleute der Eisenbahnbetriebswissenschaft interessant, die eine fundierte Einführung in die Sperrzeittheorie benötigen.

Für das Verständnis wird vorausgesetzt, dass der Leser mit den Grundprinzipien der Fahrweg- und Zugfolgesicherung im Bahnbetrieb (Fahren im Raumabstand, Signalsysteme, Einstell- und Auflösekriterien der Fahrstraßen, Zugbeeinflussung) sowie den Grundlagen der Fahrplankonstruktion vertraut ist. Ein umfangreiches Online-Glossar steht unter www.joernpachl.de/glossar.htm zur Verfügung.

Inhaltsverzeichnis

Methoden zur Abbildung der Fahrplantrassen 1

Die vorausschauende Planung der Zugfahrten in Form des Fahrplans ist seit jeher ein Grundelement des Bahnbetriebs. Aufgrund der vielfältigen Restriktionen in einem spurgeführten System ist eine Koordination der Zugfahrten durch den Infrastrukturbetreiber zur Gewährleistung eines konfliktfreien Betriebsablaufs erforderlich. Dies geschieht durch Planung von Fahrplantrassen, die die zeitliche und räumliche Inanspruchnahme der Infrastruktur durch Zugfahrten beschreiben. Selbst wenn es im laufenden Betrieb zu größeren zeitlichen Abweichungen von den geplanten Zeitlagen der Fahrplantrassen kommen sollte, ist durch die Planung konfliktfreier Trassen immer sichergestellt, dass eine ausreichende Fahrwegkapazität für die Durchführung des Betriebsprogramms zur Verfügung steht. Die Fahrplankonstruktion hat damit auch die wichtige Funktion, eine Überlastung der Infrastruktur durch Begrenzung der Anzahl der Zugfahrten auf die Anzahl konfliktfrei konstruierbarer Fahrplantrassen zu vermeiden.

Die komplexe Aufgabe der Konstruktion konfliktfreier Fahrplantrassen wird seit den späten 1990er Jahren durch rechnergestützte Verfahren unterstützt. Neben der fahrdynamischen Ermittlung des Fahrtverlaufs in Form einer Zeit-Weg-Linie, worauf in diesem Essential nicht eingegangen wird, besteht eine Kernfunktion dieser Verfahren darin, die Inanspruchnahme der Infrastruktur durch die Zugfahrten abzubilden, um Konflikte bei der Nutzung von Infrastrukturelementen erkennen und die Auslastung der Fahrwegkapazität bewerten zu können.

Bei der Abbildung der betrieblichen Inanspruchnahme der Infrastruktur durch die Zugfahrt besteht die Anforderung, beim Einlegen einer Fahrplantrasse eine eindeutige Prüfung der Behinderungsfreiheit mit anderen Trassen und damit die Konstruktion eines konfliktfreien Fahrplans mit ausreichenden Pufferzeiten zwischen den Zugfahrten zu ermöglichen. Für die Betrachtung dieser räumlichen und zeitlichen Streckenbelegung gibt es in der Fahrplankonstruktion drei grundsätzliche Verfahren:

© Springer Fachmedien Wiesbaden 2015

J. Pachl, *Das Sperrzeitmodell in der Fahrplankonstruktion,* essentials,

DOI 10.1007/978-3-658-11128-1_1

- Beschreibung der betrieblichen Inanspruchnahme der Infrastruktur durch die Sperrzeiten der Gleisabschnitte
- Betrachtung der Belegung fahrplantechnischer Zugfolgeabschnitte
- Verwendung vorgegebener Mindestzugfolgezeiten.

Die Nutzung der Sperrzeittheorie als Grundlage für die Fahrplankonstruktion wurde erstmals im Jahre 1959 von Happel vorgeschlagen, auf den auch der Begriff der Sperrzeit zurückgeht (Happel 1959). Die Sperrzeit eines Gleisabschnitts (Blockabschnitt, Fahrstraße oder Fahrstraßenteil) ist dabei dasjenige Zeitintervall, in dem dieser Gleisabschnitt einer Zugfahrt exklusiv zugewiesen ist und damit alle anderen Fahrten über diesen Gleisabschnitt ausschließt (= sperrt). Die Ermittlung der Sperrzeiten aller im Fahrtverlauf eines Zuges liegenden Gleisabschnitte setzt eine sehr detaillierte Abbildung der betrieblichen Infrastruktur mit allen Signal- und Vorsignalstandorten, allen Signal- und Fahrstraßenzugschlussstellen sowie den Fahrstraßenbilde- und Auflösezeiten voraus. Aufgrund des erheblichen Aufwandes haben sich Sperrzeitbetrachtungen als Basis der Fahrplanerstellung zu Zeiten der manuellen Fahrplankonstruktion als nicht praktikabel erwiesen und konnten sich erst mit dem Übergang zur rechnergestützten Fahrplankonstruktion durchsetzen. Aber selbst wenn die Sperrzeiten nicht unmittelbar zur Fahrplankonstruktion verwendet werden, ist eine grundlegende Kenntnis der Sperrzeittheorie für den Fahrplanbearbeiter sehr wertvoll, da nur so die Möglichkeiten und Grenzen anderer, vereinfachter Verfahren richtig eingeschätzt werden können.

Die Fahrplankonstruktion durch Betrachtung der Belegung fahrplantechnischer Zugfolgeabschnitte ist das traditionelle Verfahren der manuellen Fahrplankonstruktion. Die fahrplantechnischen Zugfolgeabschnitte werden nicht durch die für die Zugfolge maßgebenden Hauptsignale begrenzt, sondern durch die Fahrzeitmesspunkte der Betriebsstellen. Die Belegungszeit eines solchen Zugfolgeabschnitts ergibt sich aus der Fahrzeit zwischen den Fahrzeitmesspunkten plus einem Zuschlag zur Berücksichtigung der so genannten Vor- und Nachbelegungszeiten, d. h. von denjenigen Teilen der Sperrzeit, die durch die Fahrzeit zwischen den Fahrzeitmesspunkten noch nicht abgedeckt sind. Diese Form der Betrachtung der Streckenbelegung erfordert nur eine sehr einfache Abbildung der Infrastruktur. Im Prinzip reicht eine Auflistung der Betriebsstellen mit ihren Fahrzeitmesspunkten und den jeweils anzuwendenden Sperrzeitzuschlägen. Da die Topologie nicht abgebildet wird, können die betrieblichen Möglichkeiten der Betriebsstellen nur durch ausgewählte Eigenschaften in Abhängigkeit von der Betriebsstellenart erfasst werden. Obwohl dieses Verfahren ursprünglich für die manuelle Fahrplankonstruktion entwickelt wurde, kann es bei einfacheren betrieblichen Verhältnissen auch für die rechnergestützte Fahrplankonstruktion interessant sein. Dem Nachteil, dass die Infrastruktur und damit die betrieblichen Abhängigkeiten nicht in ihrer vollen Komplexität abgebildet werden können, was zusätzliche Plausibilitätskontrollen des Bearbeiters erforderlich macht, steht der Vorteil einer erheblich vereinfachten Erfassung und Pflege der Infrastrukturdaten gegenüber.

Bei Verwendung vorgegebener Mindestzugfolgezeiten kann das Fahrplankonstruktionsprogramm sehr einfach gehalten werden. In einer Datenbank müssen für alle Streckenabschnitte die einzuhaltenden Mindestzugfolgezeiten für alle möglichen Zugfolgefälle hinterlegt werden. Diese Mindestzugfolgezeiten sind vorab zu ermitteln, beispielsweise mit einer handelsüblichen Software für eisenbahnbetriebswissenschaftliche Untersuchungen. Die Qualität der Fahrplankonstruktion hängt dabei entscheidend von der Genauigkeit der vorab ermittelten Mindestzugfolgezeiten ab. Ein solches Verfahren vereinfacht zwar die eigentliche Konstruktionssoftware erheblich, führt aber andererseits zu zusätzlichem Aufwand für die Pflege des Datenbestandes der Mindeszugfolgezeiten. Es eignet sich daher insbesondere für Bahnen mit trassenparalleler Fahrweise wie beispielsweise Stadtschnellbahnen. Auf dieses Verfahren wird im Folgenden nicht weiter eingegangen, da es aufgrund seiner Einfachheit keiner weiteren Erklärung bedarf.

Abbildung der Fahrplantrassen durch Sperrzeiten

2.1 Einführung in das Sperrzeitmodell

Die Sperrzeit eines Fahrwegabschnitts beginnt mit der betrieblichen Handlung zur Zulassung der Fahrt in diesen Abschnitt Für einen planmäßig ohne Halt durchfahrenden Zug muss die Zustimmung zur Einfahrt in einen Abschnitt so rechtzeitig erteilt werden, dass der Zug keinen Bremsvorgang einleitet. Bei Führung des Zuges durch ortsfeste Signale ist diese Bedingung erfüllt, wenn sich der Zug zu diesem Zeitpunkt noch so weit vor dem Vorsignal (bzw. einem vorsignalisierenden Mehrabschnittssignal) befindet, dass dem Triebfahrzeugführer genug Zeit bleibt, den Signalbildwechsel sicher aufzunehmen. Auf Strecken mit Führerraumsignalisierung ist das Vorsignal unerheblich, dort muss sich der Zug zu diesem Zeitpunkt vor dem über die Führerraumanzeige signalisierten Bremseinsatzpunkt befinden. Die Sperrzeit eines Gleisabschnitts endet, wenn der für die Zugfahrt bestehende Sicherungsstatus nach dem Freifahren der für den betreffenden Abschnitt festgelegten Zugschlussstelle wieder aufgehoben wird, so dass einem anderen Zug die Zustimmung zur Einfahrt in diesen Abschnitt erteilt werden kann. Die Sperrzeit beschreibt damit ein Zeitfenster, das auf einem Streckenabschnitt für die behinderungsfreie Durchführung einer Zugfahrt freizuhalten ist. In älterer Fachliteratur wird die Sperrzeit mitunter auch als „Belegungszeit" bezeichnet. Eine wesentlich treffendere, wenn auch nicht allgemein eingeführte Bezeichnung wäre „betriebliche Beanspruchungszeit".

Die Sperrzeit eines Blockabschnitts besteht bei Führung des Zuges durch ortsfeste Signale für einen durchfahrenden Zug aus folgenden Teilzeiten (Abb. 2.1):

© Springer Fachmedien Wiesbaden 2015
J. Pachl, *Das Sperrzeitmodell in der Fahrplankonstruktion,* essentials,
DOI 10.1007/978-3-658-11128-1_2

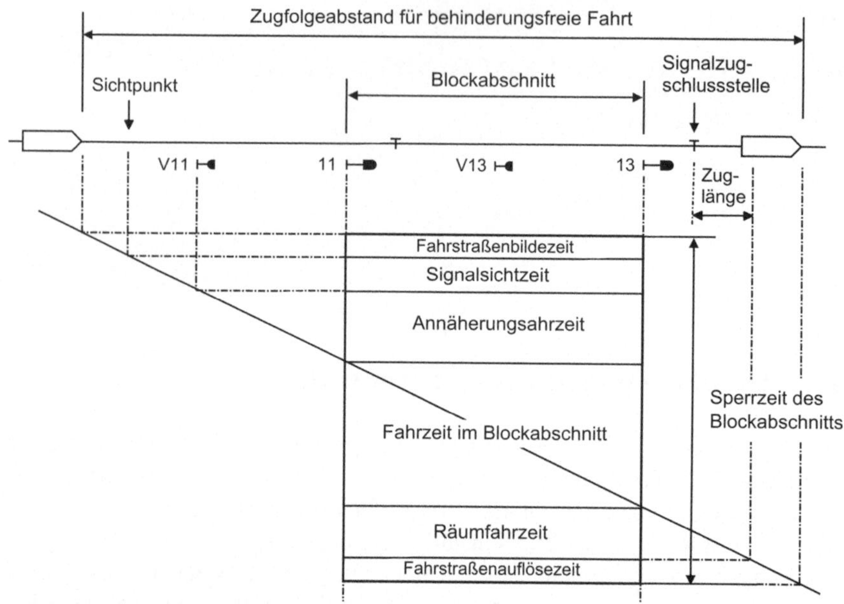

Abb. 2.1 Sperrzeit eines Blockabschnitts für durchfahrenden Zug

- der Fahrstraßenbildezeit, das sind Bedienungs- bzw. technische Reaktionszeiten bis zur Fahrtstellung des Signals
- der Signalsichtzeit, das ist die Zeit für das sichere Erkennen des Vorsignalbegriffs durch den Triebfahrzeugführer (Erfahrungswert: ca. 0,2 min)
- der Annäherungsfahrzeit, das ist die Fahrzeit zwischen Vor- und Hauptsignal
- der Fahrzeit im Blockabschnitt, das ist die Fahrzeit zwischen den Hauptsignalen
- der Räumfahrzeit, das ist die Zeit vom Erreichen des Signals am Ende des Blockabschnitts bis zum Freifahren der Signalzugschlussstelle (=Ende des Durchrutschweges) mit der letzten Achse
- der Fahrstraßenauflösezeit, das sind Bedienungs- bzw. technische Reaktionszeiten bis zum Erreichen der Grundstellung.

Die Begriffe Fahrstraßenbilde- und Fahrstraßenauflösezeit werden hier unabhängig von der technischen Realisierung der Zugfolgesicherung verwendet (siehe dazu auch die erweiterten Definitionen dieser Begriffe im Online-Glossar). Die

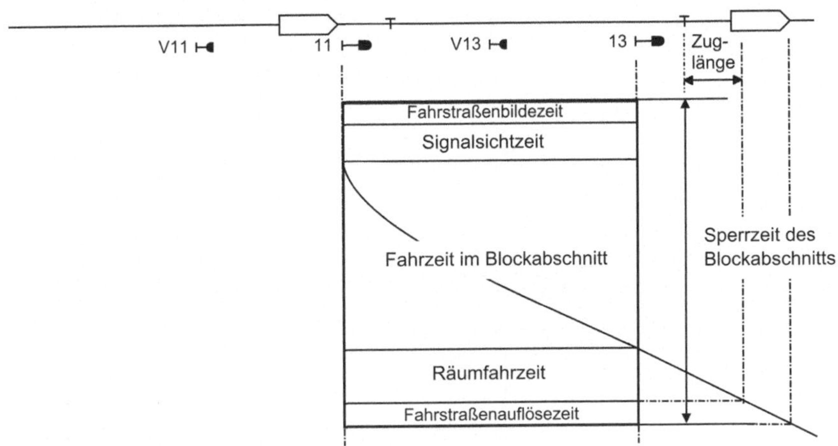

Abb. 2.2 Sperrzeit eines Blockabschnitts für anfahrenden Zug

sich ergebende Sperrzeit ist gleichzeitig die in diesem Blockabschnitt technisch mögliche Mindestzugfolgezeit für zwei trassenparallel (d. h. mit gleicher Neigung der Zeit-Weg-Linie) fahrende Züge. Bei einem vor dem Signal am Anfang des Blockabschnitts anfahrenden Zug (z. B. nach einem Verkehrshalt) entfällt die Annäherungsfahrzeit (Abb. 2.2). Die Signalsichtzeit dient in diesem Fall unmittelbar dem Erkennen des Fahrtbegriffs am Hauptsignal.

Das Auftragen der Blockabschnittssperrzeiten einer Zugfahrt über der durchfahrenen Strecke ergibt die so genannte Sperrzeitentreppe (Abb. 2.3). Die Sperrzeitentreppe visualisiert in idealer Weise die betriebliche Inanspruchnahme der Infrastruktur durch eine Zugfahrt. Durch die Regel, dass sich Sperrzeiten nicht überlappen dürfen, können mit den Sperrzeitentreppen unmittelbar die Mindestzugfolgezeiten für einen Streckenabschnitt bestimmt werden. Obwohl ursprünglich für das Fahren im festen Raumabstand mit Führung der Züge durch ortsfeste Signale entwickelt, ist das Sperrzeitmodell universell und kann auch für Systeme mit Führerraumsignalisierung und für das Fahren im Bremswegabstand adaptiert werden.

Die besondere Stärke des Sperrzeitmodells besteht darin, dass die Inanspruchnahme der Infrastruktur durch einen einzelnen Zug unabhängig vom Vorliegen eines bestimmten Zugfolgefalls vollständig beschrieben werden kann. Es ist daher das ideale Verfahren zur Modellierung der Fahrplantrassen.

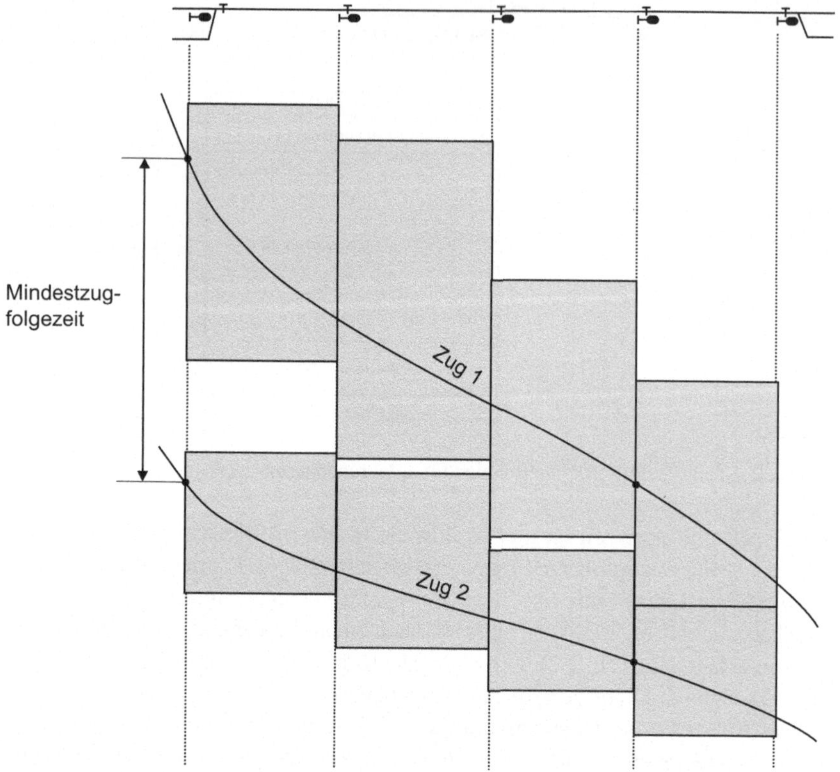

Abb. 2.3 Bestimmung der Mindestzugfolgezeiten über die Sperrzeitentreppen

2.2   Abbildung spezieller Signalsysteme

2.2.1   Verkürzte Signalabstände

Bei der Behandlung unterschiedlicher Signalisierungsprinzipien im Sperrzeitmodell besteht der entscheidende Unterschied in der Annäherungsfahrzeit. Es gilt die grundsätzliche Regel, dass die Annäherungsfahrzeit immer an dem ersten Signal beginnt, ab dem der Zug seine Geschwindigkeit verringern müsste, wenn das Signal am Anfang des Abschnitts, für den die Sperrzeit bestimmt werden soll, Halt zeigt. Auf Strecken mit sehr dichter Zugfolge kann es erforderlich werden, Blockabschnittslängen vorzusehen, die kürzer sind als der Bremsweg. Ein typisches Beispiel sind Stadtschnellbahnen oder auch innerstädtische Verbindungsstrecken.

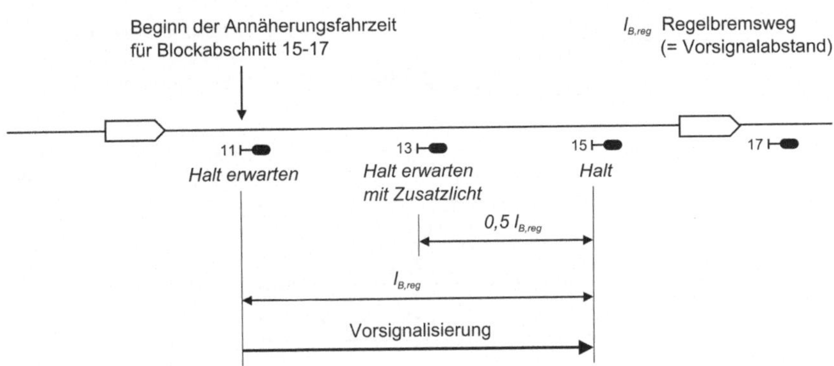

Abb. 2.4 Signalisierung im Halbregelabstand

In solchen Fällen muss der Bremsweg mit besonderen Signalisierungsverfahren auf mehrere Blockabschnitte verteilt werden.

Dazu existieren folgende Verfahren:

- Signalisierung im Halbregelabstand
- Mehrabschnittsbremsung durch abgestufte Geschwindigkeitssignalisierung.

Bei der Signalisierung im Halbregelabstand entspricht die Blockabschnittslänge dem halben Vorsignalabstand (Abb. 2.4). Vorsignalisiert wird über zwei Abschnitte, wobei das zwischenliegende Hauptsignal entweder betrieblich abgeschaltet wird oder eine Wiederholung des Vorsignalbegriffs zeigt. Daher wird dieses Signalisierungprinzip mitunter auch als „wiederholte Warnung" bezeichnet. Die Behandlung des Halbregelabstands im Sperrzeitmodell ist einfach. Die Annäherungsfahrzeit beginnt immer beim Passieren des vorletzten Signals vor dem Signal am Beginn des betreffenden Blockabschnitts.

Im Unterschied dazu werden bei der Mehrabschnittsbremsung mit abgestufter Geschwindigkeitssignalisierung zwar ebenfalls Blockabschnittslängen benutzt, die kürzer sind als der Regelbremsweg, trotzdem wird ein Halt zeigendes Signal nur über einen Abschnitt vorsignalisiert (Abb. 2.5). Zur Gewährleistung ausreichender Bremswege wird der Bremsweg durch Geschwindigkeitssignalisierung auf mehrere Blockabschnitte verteilt. Mit dem Freiwerden der Blockabschnitte werden die signalisierten Geschwindigkeitseinschränkungen wieder aufgewertet (Hochsignalisierung). Bei sehr dichter Blockteilung, wie sie insbesondere auf Stadtschnellbahnen üblich ist, werden dabei häufig mehr als zwei Geschwindigkeitsstufen verwendet.

Die Signalabstände können dadurch im Vergleich zum Halbregelabstand sehr flexibel gewählt werden. Das Signal, an dem die Annäherungsfahrzeit als Teil der Sperrzeit beginnt, hängt von der zulässigen Geschwindigkeit des Zuges ab. Bei

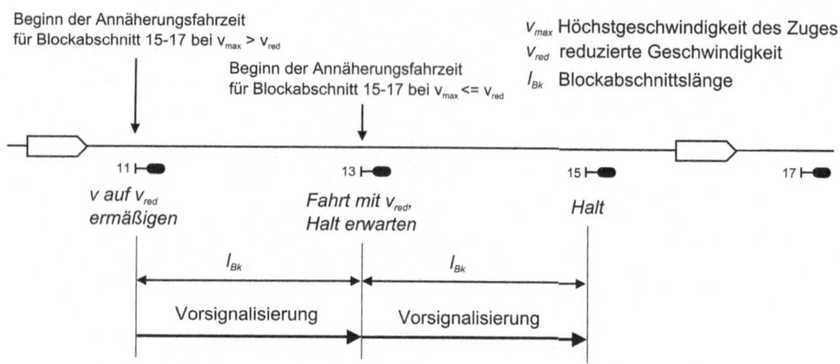

Abb. 2.5 Mehrabschnittsbremsung mit abgestufter Geschwindigkeitssignalisierung

Zügen, deren zulässige Geschwindigkeit größer ist als die höchste signalisierte Geschwindigkeitsermäßigung, beginnt die Annäherungsfahrzeit an dem Signal, an dem die erste Geschwindigkeitsstufe vorsignalisiert wird. Für alle anderen Züge ist das Signal maßgebend, an dem erstmals eine Geschwindigkeitsstufe vorsignalisiert wird, die niedriger ist als die zulässige Geschwindigkeit des Zuges. Dadurch führt diese Signalisierung zu dem interessanten Effekt einer – wenn auch nur grobstufigen – Anpassung des für die Annäherungsfahrzeit maßgebenden Bremsweges an die Geschwindigkeit. Abbildung 2.5 veranschaulicht dieses Prinzip bei Aufteilung des Bremsweges auf zwei Blockabschnitte.

Die Schwierigkeit bei der programmtechnischen Umsetzung der abgestuften Geschwindigkeitssignalisierung liegt darin, dass die für die Sperrzeit maßgebende Annäherungsstrecke den Vorsignalabstand übersteigen kann, denn vorsignalisiert wird immer nur über einen Blockabschnitt. Bei Programmen, bei denen ein einheitlicher fester Vorsignalabstand definiert werden muss, der dann auch als Annäherungsstrecke für alle Modellzugklassen verwendet wird, ist eine exakte Abbildung dieses Verfahrens nur dann möglich, wenn alle Züge mit annähernd der gleichen zulässigen Geschwindigkeit verkehren, so dass sich der Bremsweg immer auf die gleiche Anzahl von Blockabschnitten verteilt. Da die abgestufte Geschwindigkeitssignalisierung vorzugsweise auf Stadtschnellbahnen sowie hoch belasteten innerstädtischen Verbindungsbahnen, die sich durch eine weitgehend trassenparallele Fahrweise auszeichnen, zur Anwendung kommt, ist diese Voraussetzung in der Praxis auch fast immer gegeben. Eine Abbildung des eher unwahrscheinlichen Falles, dass auf einer Strecke mit abgestufter Geschwindigkeitssignalisierung Mischbetrieb mit einer größeren Geschwindigkeitsschere durchgeführt wird, setzt voraus, dass das Programm den Modellzugklassen in Abhängigkeit von der Geschwindigkeit unterschiedliche Bremswege zuordnen kann.

2.2.2   Dreiabschnittssignalisierung

Das Prinzip der Dreiabschnittssignalisierung besteht darin, dass ein Signalbegriff zur Haltankündung des übernächsten Signals existiert (Abb. 2.6). Obwohl bei deutschen Bahnen nicht angewendet, ist die Dreiabschnittssignalisierung international sehr verbreitet, auch bei europäischen Bahnen. Dieses Signalisierungsprinzip wird jedoch aus zwei unterschiedlichen Gründen praktiziert. Außerhalb Europas ist bei Bahnen mit sehr langen Güterzügen teilweise ein Mischbetrieb von Zügen mit unterschiedlichen Bremswegen üblich. Dies unterscheidet sich völlig von dem bei europäischen Bahnen üblichen Grundsatz, dass alle Züge innerhalb eines für eine bestimmte Strecke festgelegten Bremsweges zum Halten kommen müssen. Da es bei Güterzügen etwas länger dauert, bis sich beim Bremsvorgang die Bremskraft im gesamten Zugverband aufbaut, ist dies bei der Festsetzung der Güterzuggeschwindigkeiten berücksichtigt. Bei Bahnen, bei denen die Länge der Güterzüge das in Europa übliche Maß deutlich überschreitet (in Nordamerika sind auf Hauptstrecken im Güterverkehr Zuglängen von 2000 bis 3000 m üblich), ist bei Mischverkehr mit Reisezügen ein einheitlicher Bremsweg für alle Zuggattungen nicht anwendbar. Eine praktikable Lösung besteht in der Dreiabschnittssignalisierung, indem bei Annäherung an ein Halt zeigendes Signal Züge mit besonders langem Bremsweg bereits ein Signal früher die Bremsung einleiten, während Züge mit kürzerem Bremsweg die Haltankündung für das übernächste Signal zunächst ignorieren, und den Bremsvorgang erst beim Passieren eines Halt ankündenden Signals für das unmittelbar folgende Signal beginnen. Bei der Berechnung der Sperrzeiten muss damit je nach Zuggattung in Abhängigkeit vom Bremsweg entschieden werden, ob sich die Annäherungsfahrzeit über ein oder zwei Blockabschnitte erstreckt.

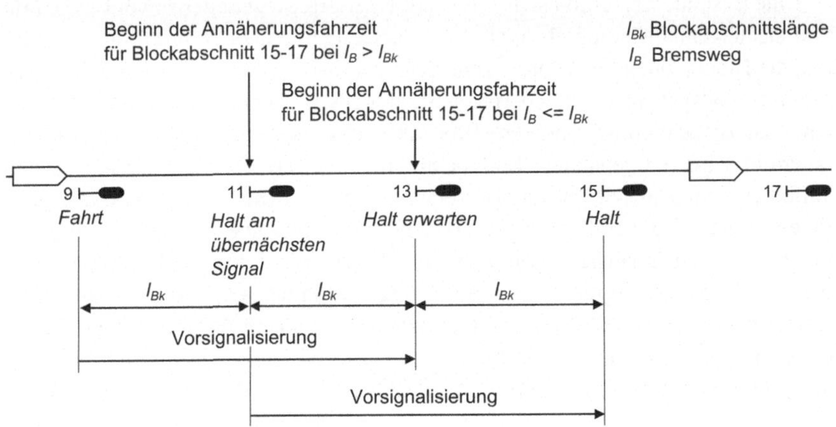

Abb. 2.6 Dreiabschnittssignalisierung

Bei europäischen Bahnen ist dieses Problem wegen der wesentlich kürzeren Güterzüge nicht relevant. Die Dreiabschnittssignalisierung wird hier nicht für einen Mischverkehr von Zügen mit unterschiedlichen Bremswegen, sondern zur Signalisierung verkürzter Signalabstände benutzt. Die Bedeutung des den Halt am übernächsten Signal ankündenden Signalbegriffs ist dabei so festzulegen, dass dieser Signalbegriff zugleich auch immer bedeutet, dass ab dem nächsten Signal kein auskömmlicher Bremsweg besteht. Bei diesem auch als „Vorwarnung" bezeichneten Signalisierungsverfahren müssen also alle Züge bereits an dem den Halt am übernächsten Signal ankündenden Signal den Bremsvorgang einleiten. Im Sperrzeitmodell erstreckt sich damit für alle Züge die Annäherungsfahrzeit über zwei Blockabschnitte.

2.2.3　Signalsysteme mit Führung durch Führerraumanzeigen

Alle heute im Einsatz befindlichen Arten der Führerraumsignalisierung basieren wegen des derzeit noch nicht zufriedenstellend gelösten Problems der fahrzeuggestützten Zugvollständigkeitskontrolle noch auf dem Fahren im Raumabstand mit ortsfesten Blockabschnitten. Für die Bestimmung der Sperrzeiten besteht der entscheidende Unterschied zur Führung des Zuges durch ortsfeste Signale darin, dass für die Annäherungsfahrzeit nicht mehr der Vorsignalabstand, sondern der über die Führerraumanzeige signalisierte, geschwindigkeitsabhängige Bremsweg maßgebend ist (Abb. 2.7). Eine Signalsichtzeit braucht bei der Sperrzeitermittlung nicht mehr berücksichtigt zu werden, da die Führerraumanzeige permanent zur Verfügung steht, so dass ein besonderes Zeitfenster zum Beobachten des Signalbildwechsels an einem ortsfesten Signal nicht mehr erforderlich ist.

Eine Besonderheit ergibt sich, wenn auf einer Strecke, auf der sowohl Züge mit Führerraumsignalisierung als auch durch ortsfeste Signale geführte Züge verkehren, die Blockteilung des Führerraumsignalsystems von der Blockteilung des ortsfesten Signalsystems derart überlagert wird, dass ein Blockabschnitt des ortsfesten Signalsystems durch mehrere Blockabschnitte des Führerraumsignalsystems unterteilt wird (so genannter Teilblockmodus). Bei der Deutschen Bahn ist der Teilblockmodus auf vielen Strecken eingerichtet, auf denen die Züge durch eine linienförmige Zugbeeinflussung (LZB) geführt werden. Die Sperrzeiten der Züge mit Führerraumsignalisierung ändern sich dadurch nicht, für durch ortsfeste Signale geführte Züge ergibt sich ein Sperrzeitenbild in der Art, dass ein durch ortsfeste Signale begrenzter Blockabschnitt zunächst in einem Stück belegt und dann hinter dem Zug im Takt des Freifahrens der Blockabschnitte des Führerraumsignalsystems stufenweise freigegeben wird (Abb. 2.8). Für die Zugfolgezeit zweier

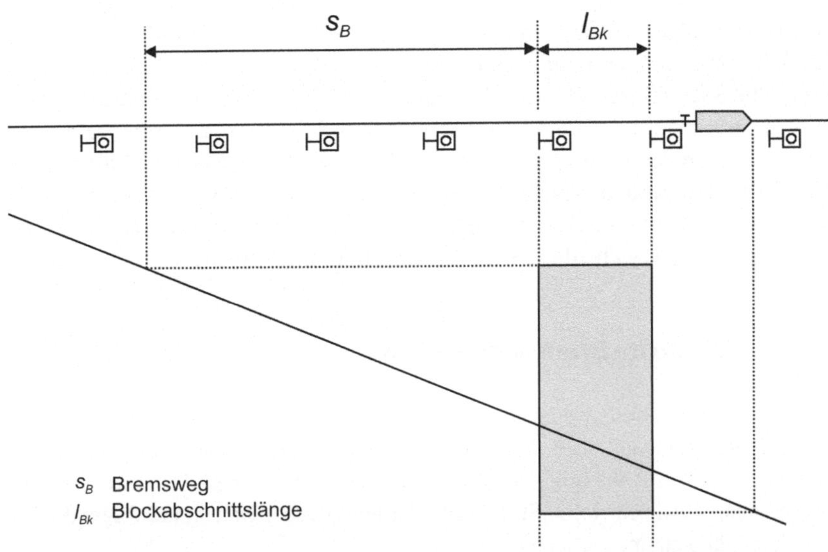

Abb. 2.7 Sperrzeit eines Blockabschnitts bei Führung durch Führerraumanzeigen

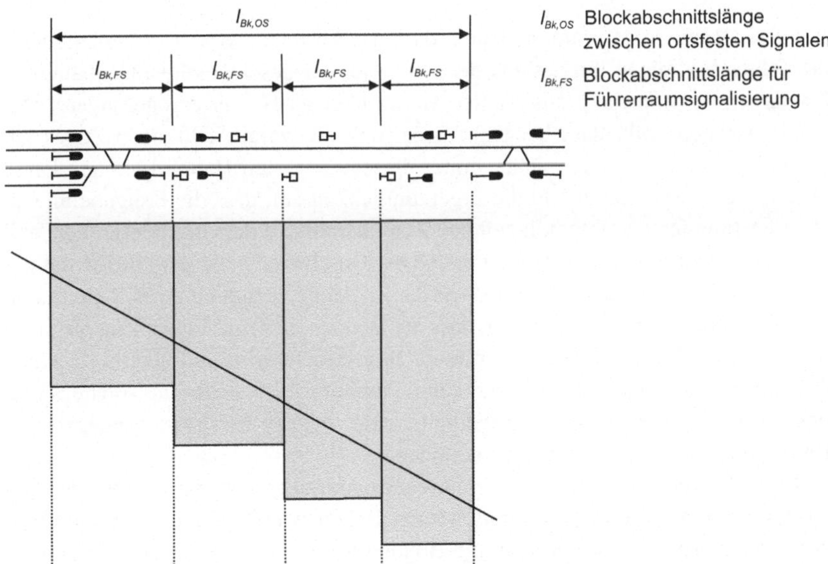

Abb. 2.8 Sperrzeit eines Blockabschnitts für einen signalgeführten Zug im Teilblockmodus

aufeinander folgender, durch ortsfeste Signale geführter Züge ist diese vorzeitige Freigabe der Blockabschnitte des Führerraumsignalsystems ohne Belang, da stets die größte Sperrzeit zwischen zwei Hauptsignalen für die Zugfolge maßgebend ist.

Auf Strecken mit ETCS-Level 2 sollen künftig keine ortsfesten Signale mehr vorgesehen werden, so dass alle Züge durch Führerraumanzeigen geführt werden und ein Teilblockmodus mit Überlagerung unterschiedlicher Blockteilungen nicht mehr eingerichtet wird. Dadurch vereinfacht sich auf diesen Strecken die Sperrzeitbetrachtung, da sich alle Sperrzeiten gemäß Abb. 2.7 ergeben.

2.2.4 Fahren im Bremswegabstand

Beim Fahren im Bremswegabstand geht die Sperrzeitentreppe in ein kontinuierliches Sperrzeitenband über, das durch eine Belegungslinie und eine Freigabelinie begrenzt wird. In Abhängigkeit vom Ortungstakt wird dabei aber auch eine gewisse, wenn auch sehr feine Stufigkeit erhalten bleiben. Dabei sind folgende Anwendungsfälle zu unterscheiden:

- relativer Bremswegabstand
- absoluter Bremswegabstand.

Relativer Bremswegabstand bedeutet, dass der Abstand zwischen zwei aufeinander folgenden Zügen mindestens der Differenz der geschwindigkeitsabhängigen Bremswege entsprechen muss (unter Ansatz gleicher Bremsverzögerungen). Damit ist sichergestellt, dass bei einer Bremsung des voraus fahrenden Zuges ein nachfolgender Zug immer sicher hinter diesem Zug zum Halten kommen kann. Dabei tritt im Sperrzeitenbild die Eigentümlichkeit auf, dass die Freigabelinie ab einer bestimmten Geschwindigkeit den Zug überholt, so dass das Sperrzeitenband dem Zug vorausläuft. Und zwar ist das ab der Geschwindigkeit der Fall, ab der der geschwindigkeitsabhängige Bremsweg die Zuglänge zuzüglich eines Sicherheitszuschlags übersteigt. Das bedeutet, dass der Bereich, in dem sich der Zug physisch befindet, von ihm betrieblich nicht mehr beansprucht wird und bereits für einen folgenden Zug freigegeben werden kann. Abbildung 2.9 zeigt eine solche Situation, in der sich der physische Aufenthaltsort des Zuges 1 bereits im freigegebenen Bremsweg des folgenden Zuges 2 befindet.

Beim Fahren im absoluten Bremswegabstand, allgemein auch unter der Bezeichnung „moving block" bekannt, wird zwischen zwei Zügen immer mindestens der volle geschwindigkeitsabhängige Bremsweg des zweiten Zuges freigehalten. Der für den relativen Bremswegabstand beschriebene Effekt des Vorauseilens der Freigabelinie kann dabei nicht auftreten. Im Vergleich zum Fahren im festen

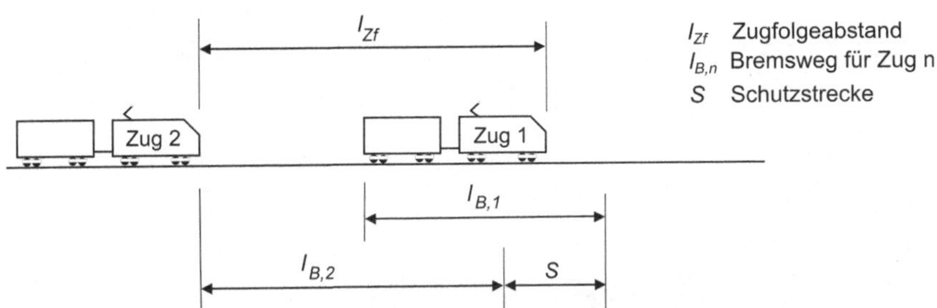

Abb. 2.9 Fahren im relativen Bremswegabstand

Raumabstand verkürzt sich der Zugfolgeabstand um die beim Fahren im absoluten Bremswegabstand wegfallende Blockabschnittslänge. Die quasikontinuierliche Freigabe des Fahrwegs hinter dem Zug führt im Sperrzeitenbild zum Wegfall der Stufen der Sperrzeitentreppe. Damit lässt sich, wenn die Sperrzeitentreppen für das Fahren im festen Raumabstand gegeben sind, der durch Übergang zum Fahren im absoluten Bremswegabstand mögliche Leistungsgewinn relativ einfach durch das Abschneiden der „Stufen" der Sperrzeitentreppen abschätzen. Im Beispiel von Abb. 2.10 sind die wegfallenden Teile der Blockabschnittssperrzeiten dunkel dargestellt.

Beim Fahren im absoluten Bremswegabstand entfällt die Fahrzeit im Blockabschnitt, alle anderen Komponenten der Sperrzeit bleiben jedoch erhalten. Sofern im Bereich niedriger Geschwindigkeiten der absolute Bremsweg den Vorsignalabstand unterschreitet, führt dies gegenüber dem Fahren im festen Raumabstand mit ortsfesten Signalen zusätzlich zu einer entsprechenden Verkürzung der Annäherungsfahrzeit. Dieser Effekt ist aber nicht primär auf den Übergang vom Fahren im festen Raumabstand zum Fahren im absoluten Bremswegabstand zurückzuführen, sondern auf den Übergang von der Führung der Züge durch ortsfeste Signale zur Führung durch Führerraumanzeigen.

Für ausführlichere Betrachtungen zur Sperrzeit beim Fahren im absoluten und relativen Bremswegabstand wird auf (Wendler 1995) verwiesen. Allerdings sind diese Betrachtungen heute bei Eisenbahnen eher von akademischem Wert, da eine Abkehr vom Fahren im Raumabstand derzeit weder national noch international absehbar ist. Für das ETCS-Level 3, das erstmals ein Fahren im absoluten Bremswegabstand ermöglichen würde, ist wegen des Fehlens einer praxistauglichen Lösung für die fahrzeuggestützte Überwachung der Zugvollständigkeit noch keine Anwendungsstrecke absehbar. Bis heute wird allerdings in vielen Diskussionen der durch die Einführung des Fahrens im absoluten Bremswegabstand mögliche Leistungsgewinn erheblich überschätzt. Dies ist auf ein unzureichendes Verständnis

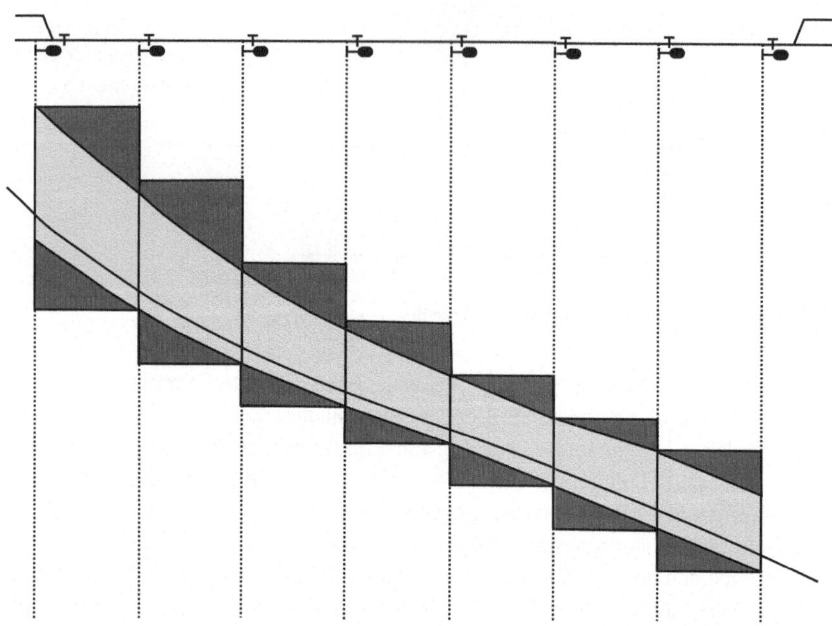

Abb. 2.10 Reduktion der Sperrzeiten beim Übergang zum Fahren im absoluten Bremswegabstand

des Sperrzeitmodells zurückzuführen. Wichtig ist die Erkenntnis, dass durch den Übergang zum Fahren im absoluten Bremswegabstand bis auf die wegfallende Fahrzeit im Blockabschnitt alle anderen Komponenten der Sperrzeit erhalten bleiben. Die erläuterte Methode des Abschneidens der Stufen der Sperrzeitentreppen ist ein sehr praktikabler Weg, sich für eine gegebene Strecke den tatsächlich möglichen Leistungsgewinn zu veranschaulichen.

Anders stellt sich die Situation bei straßenabhängigen Bahnen dar. In Deutschland ist gemäß der Verordnung über den Bau und Betrieb von Straßenbahnen (BOStrab) für straßenabhängige Bahnen außerhalb von Tunnelstrecken bei Geschwindigkeiten bis 70 km/h im Regelbetrieb das Fahren auf Sicht zur Abstandsregelung zugelassen. Dabei sind zwischen aufeinander folgenden Zügen geschwindigkeitsabhängige Mindestabstände vorgeschrieben, die mindestens dem Bremsweg entsprechen. Ähnliche Grundsätze existieren auch in anderen Ländern. Dadurch entspricht die Abstandsregelung dem Fahren im absoluten Bremswegabstand. Bei Geschwindigkeiten von mehr als 70 km/h sowie auf Tunnelstrecken ist bei straßenabhängigen Bahnen das so genannte Fahren auf Zugsicherung vorgeschrieben. Unter dem Begriff Zugsicherung wird dabei eine mit den Sicherungsgrundsätzen des Eisenbahnbetriebes vergleichbare, technische Fahrweg- und Zugfolgesicherung einschließlich der Zugbeeinflussung verstanden. Obwohl in der BOStrab für das Fahren auf Zugsicherung kein bestimmtes Abstandshalteverfahren vorgeschrieben ist, wird es nahezu immer durch das Fahren im Raumabstand realisiert. An der Schnittstelle zwischen einem Bereich mit Zugsicherung und einem Bereich mit Fahren auf Sicht erfolgt damit auch ein Übergang von einer Sperrzeitentreppe in ein kontinuierliches Sperrzeitenband.

Eine analoge Darstellung ergibt sich auf Regionalstadtbahnen, bei denen Züge aus dem Netz einer Eisenbahn des öffentlichen Verkehrs in das Netz einer straßenabhängigen Bahn nach BOStrab übergehen. In Bereichen mit Teilnahme am Straßenverkehr sind Sperrzeitbetrachtungen allerdings weitgehend obsolet, da der Betrieb der Stochastik des Straßenverkehrs unterliegt, so dass die Konstruktion behinderungsfreier Trassen nicht möglich ist. Die Infrastruktur wird daher auf Straßenbahnen so gestaltet, dass unter den Bedingungen des Straßenverkehrs ein konfliktarmer Betrieb möglich ist. Strecken sind grundsätzlich zweigleisig mit reinem Einrichtungsbetrieb ausgeführt, und die Gleistopologie der Knoten gewährleistet einen deadlockfreien Betriebsablauf.

2.3   Abbildung von Fahrstraßenknoten und Durchrutschwegen

2.3.1   Fahrstraßenknoten

Neben der Bestimmung der Zugfolgezeit von auf gleichem Fahrweg einander folgenden Zügen lassen sich mit dem Sperrzeitmodell auch die in Fahrstraßenknoten zwischen den Zugfahrten wirkenden Ausschlüsse beschreiben. Damit ist auch die Bewertung der Behinderungsfreiheit in komplexen Gleistopologien möglich. Beim Durchfahren eines Fahrstraßenknotens wird die Fahrstraße entweder geschlossen nach dem Räumen der letzten Weiche oder elementweise aufgelöst. Auch bei elementweiser Auflösung löst nicht notwendigerweise jede Weiche einzeln auf, sondern es können auch Weichen in einem gemeinsamen Freimeldeabschnitt liegen, der zur Auflösung dieser Weichen komplett freigefahren sein muss. Für die Fahrt zwischen zwei Hauptsignalen sind daher alle Fahrstraßenzugschlussstellen zu identifizieren, d. h. alle Auflösepunkte, bei deren Freifahren der davor liegende Abschnitt auflöst. Im Sperrzeitmodell wird dann der Abschnitt zwischen zwei Hauptsignalen geschlossen belegt und hinter dem Zug im Takt der Fahrstraßenzugschlussstellen wieder freigegeben (Abb. 2.11). Da am Beginn der Sperrzeit alle Fahrwegabschnitte bis zum nächsten Hauptsignal gleichzeitig belegt werden, ist stets der Fahrwegabschnitt mit der größten Sperrzeit maßgebend für die Zugfolge von auf gleichem Fahrweg folgenden Zügen zwischen den Hauptsignalen.

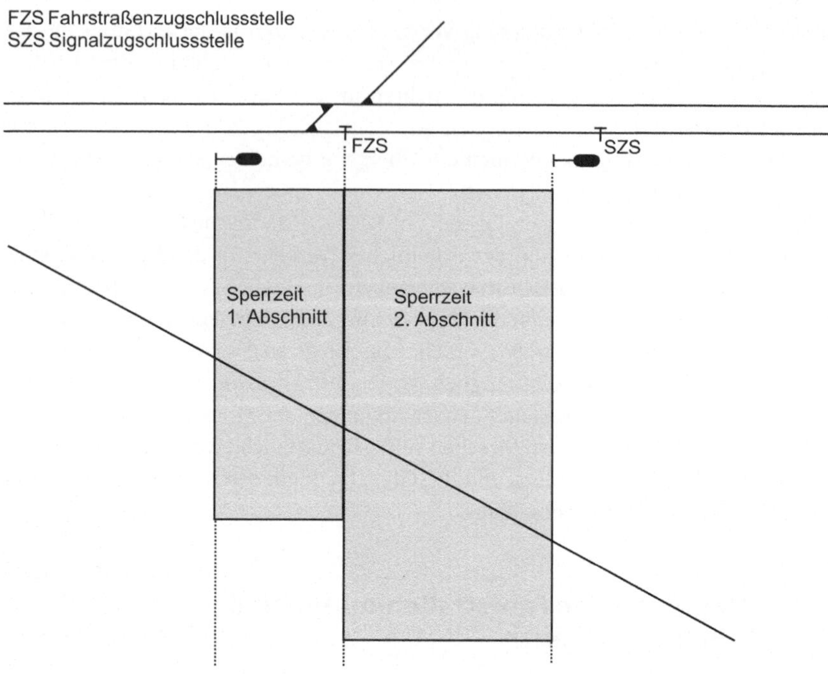

Abb. 2.11 Sperrzeit beim Durchfahren einer Abzweigstelle als Beispiel eines einfachen Fahrstraßenknotens

2.3.2 Durchrutschwege

Hinter jedem Halt zeigenden Hauptsignal, auf das hin eine Zugfahrt zugelassen ist, wird bei den meisten Bahnen zur Sicherheit gegen das Verbremsen des Zuges ein Durchrutschweg freigehalten. Das Ende des Durchrutschweges fällt dabei meist mit der Signalzugschlussstelle des Hauptsignals zusammen, da der Durchrutschweg durch einen voraus fahrenden Zug vollständig geräumt sein muss, bevor das rückliegende Hauptsignal wieder auf Fahrt gestellt werden darf. Bei Anlagen mit alter Sicherungstechnik kann jedoch, wenn aufgrund der örtlichen Verhältnisse das Schlusssignal an dieser Stelle nicht beobachtet werden kann, eine auf das Ende des Durchrutschweges in einem gewissen Abstand folgende Signalzugschlussstelle festgelegt sein. Zur Sicherung des Durchrutschweges sind zwei grundsätzlich zu unterscheidende Verfahren üblich, die auch die Art der Abbildung des Durchrutschweges im Sperrzeitmodell beeinflussen.

Hauptsignale, die nicht Zielsignal einer Zugstraße sind (dazu gehören nach den Regeln der Deutschen Bahn AG Einfahrsignale und Blocksignale), werden im vollen Gefahrpunktabstand vor der ersten auf das Signal folgenden Weiche bzw. einem anderen maßgebenden Gefahrpunkt aufgestellt. Im aktuellen sicherungstechnischen Regelwerk der Deutschen Bahn AG wird daher der Abstand der Einfahr- und Blocksignale vom maßgebenden Gefahrpunkt nicht als Durchrutschweg, sondern als Gefahrpunktabstand bezeichnet. Da jedoch auch der Gefahrpunktabstand die sicherheitliche Funktion eines Durchrutschweges hat, wird diese begriffliche Unterscheidung hier nicht übernommen, zumal auch in der Fahrdienstvorschrift der Deutschen Bahn AG der Gefahrpunktabstand als Durchrutschweg bezeichnet wird. International ist diese begriffliche Unterscheidung auch nicht üblich.

Der durch den Gefahrpunktabstand hinter Einfahr- und Blocksignalen bewirkte Durchrutschweg wird nach dem Freifahren dauerhaft bis zur nächsten Zugfahrt freigehalten. Da somit innerhalb des Durchrutschweges keine Weichen und Kreuzungen liegen können, führt die Belegung des Durchrutschweges auch nicht zu Ausschlüssen mit anderen Fahrten. Der Durchrutschweg wirkt sich nur rein auf den Zugfolgeabstand zweier in gleicher Fahrtrichtung folgender Züge aus. Daher braucht in solchen Fällen der Durchrutschweg nicht in das Sperrzeitenbild einbezogen werden, sondern er wird nur über die Räumfahrzeit als Teil der Sperrzeit des rückliegenden Blockabschnitts berücksichtigt. Das bedeutet, dass sich das Sperrzeitenbild des Blockabschnitts nicht auf die volle Überwachungslänge des rückliegenden Signals erstreckt (Abb. 2.12). Als Überwachungslänge wird hier die auf ein Signal folgende Gleislänge bezeichnet, die frei und gesichert sein muss, damit dieses Signal einen Fahrtbegriff zeigen darf.

Bei Hauptsignalen, die Zielsignal einer Zugstraße sind (dazu gehören nach den Regeln der Deutschen Bahn AG Ausfahrsignale und Zwischensignale), wird der Durchrutschweg in die Fahrstraßensicherung einbezogen. Im Unterschied zum oben beschriebenen Verfahren wird ein solcher Durchrutschweg nur so lange freigehalten, wie eine Zugstraße auf das Signal hin eingestellt ist und darf anschließend wieder besetzt werden. Innerhalb des Durchrutschweges können Weichen und Kreuzungen liegen. Diese gelten jedoch nicht als Gefahrpunkte, da durch die Durchrutschwegsicherung spitz befahrene Weichen verschlossen werden und gefährdende Fahrten über stumpf befahrene Weichen sowie über Kreuzungen ausgeschlossen sind. Diese Form des Durchrutschweges wirkt sich daher nicht nur auf den Zugfolgeabstand zweier in gleicher Fahrtrichtung folgender Züge aus, sondern kann auch zu Ausschlüssen mit anderen Fahrten führen. Daher muss die gesamte Überwachungslänge in das Sperrzeitenbild einbezogen werden. Da nach einem Halt des Zuges vor dem Zielsignal die Fahrstraße und damit auch der Durchrutschweg aufgelöst werden darf, ist das Ende der Sperrzeit des Durchrutschweges nicht mit dem Ende der Sperrzeit des Gleisabschnitts vor dem Zielsignal identisch. Aus

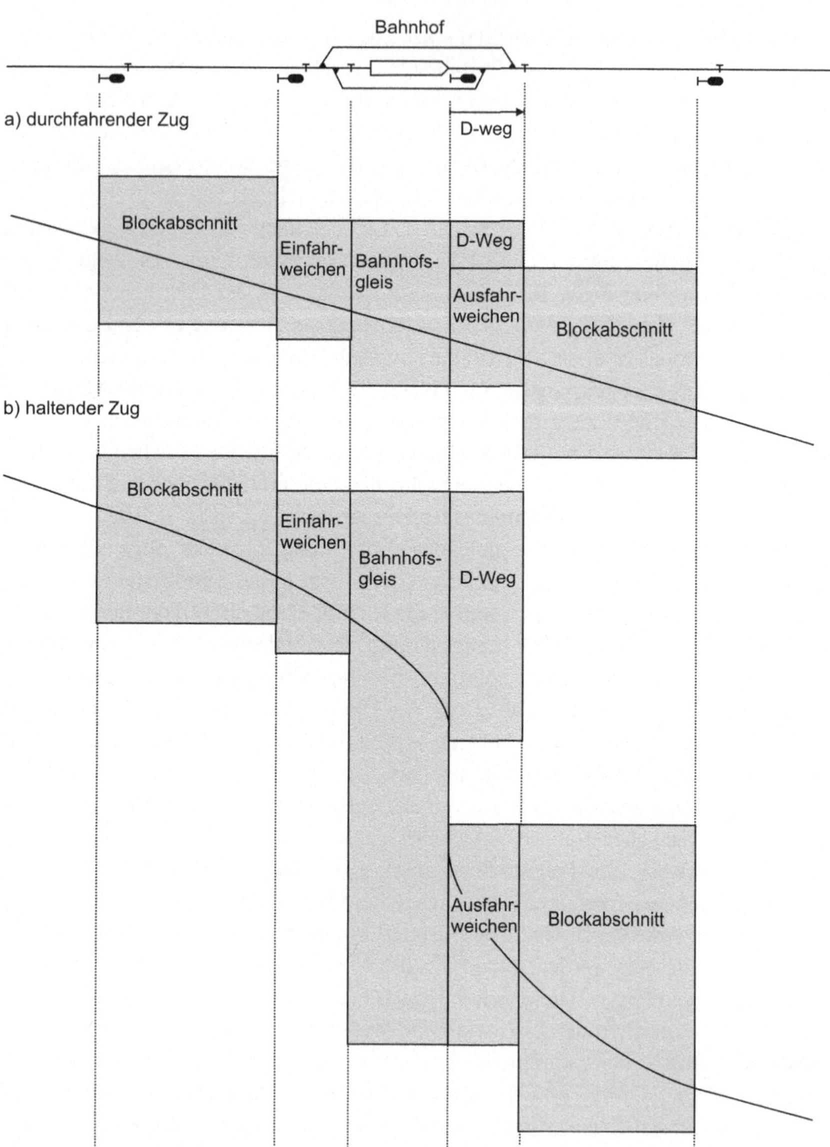

Abb. 2.12 Sperrzeit für durchfahrenden und haltenden Zug in einem Bahnhof

diesen Gründen ist es erforderlich, für den Durchrutschweg eine eigene Sperrzeit auszuweisen. Wenn bei einem Unterwegshalt der Durchrutschweg auflöst, bevor die Ausfahrzugstraße eingestellt wird, entsteht im Sperrzeitenbild der im unteren Teil von Abb. 2.12 zu sehende, charakteristische Überhang („Durchrutschwegnase").

Es wäre allerdings kein Fehler, auch in den Fällen, in denen der Durchrutschweg durch einen festen Gefahrpunktabstand realisiert wird, den Durchrutschweg im Sperrzeitenbild mit darzustellen. Obwohl nicht erforderlich, kann dies ggf. durch einheitliche Behandlung aller Durchrutschwege die Programmierung der Fahrplansoftware erleichtern.

> ▶ Hinweis: Blockfahrstraßen des Zentralblocks sind keine Zugstraßen im hier beschriebenen Sinne. Sie dienen nicht dem Verschluss von beweglichen Fahrwegelementen sondern der Realisierung einer Streckenblockabhängigkeit. Hauptsignale am Ende einer Blockfahrstraße sind daher keine Zielsignale einer Zugstraße, so dass an diesen Signalen hinsichtlich der Behandlung des Durchrutschweges im Sperrzeitmodell die für Einfahr- und Blocksignale beschriebenen Regeln gelten.

In Anlagen mit alter Sicherungstechnik (mechanische und elektromechanische Stellwerke) können Fälle auftreten, in denen die Signalzugschlussstelle eines Ausfahr- oder Zwischensignals hinter dem Ende des Durchrutschweges liegt. Dies liegt darin begründet, dass die Signalzugschlussstelle unter Berücksichtigung des Stellwerksstandorts so angeordnet werden muss, dass an dieser Stelle eine Beobachtung des Schlusssignals möglich ist. Dann muss vor der Freigabe des rückliegenden Hauptsignals der vorausfahrende Zug die Signalzugschlussstelle geräumt haben, die Fahrwegprüfung für den folgenden Zug endet jedoch am Ende des Durchrutschweges. Im Sperrzeitmodell wird ein solcher Fall in der Weise berücksichtigt, dass nur für den tatsächlichen Durchrutschweg eine eigene Sperrzeit ausgewiesen wird, und die Fahrzeit bis zum Räumen der Signalzugschlussstelle in die Räumfahrzeit des Gleisabschnitts vor dem Hauptsignal einfließt.

Bei ausländischen Bahnen, bei denen die im deutschen Regelwerk übliche Unterscheidung zwischen Bahnhof und freier Strecke in dieser Form nicht existiert, können auch Hauptsignale, die im deutschen Regelwerk mit Einfahrsignalen bzw. Blocksignalen vergleichbar wären, Zielsignale einer Zugstraße mit Einbeziehung des Durchrutschweges in die Fahrstraßensicherung sein. Dadurch wird es möglich, diese Signale so nahe vor einem Fahrstraßenknoten anzuordnen, dass innerhalb des Durchrutschweges Weichen und Kreuzungen liegen dürfen. Dazu wird am rückliegenden Hauptsignal eine Zugstraße eingerichtet, obwohl auf dieses

Signal keine Weichen folgen, so dass sich dieses Signal für den Triebfahrzeugführer nicht von einem normalen Blocksignal unterscheidet. Solche Anordnungen waren früher unter der Bezeichnung „Schutzblockstrecke" auch in Deutschland zulässig, wenn in zwingenden Fällen ein Einfahr- oder Blocksignal nicht im vollen Gefahrpunktabstand vor der ersten Weiche aufgestellt werden konnte. Dabei trat mit der Rückblockung ein Verschluss der im Durchrutschweg liegenden Weichen ein, der bis zu der durch die nächste Zugfahrt bewirkten Fahrstraßenauflösung bestehen blieb. In Altanlagen können solche Signalanordnungen ggf. heute noch vorhanden sein. In solchen Fällen ist der Durchrutschweg in Analogie zu Ausfahr- und Zwischensignalen in das Sperrzeitenbild einzubeziehen.

2.4   Spezialfälle

2.4.1   Überschneidung von Durchrutschwegen

In deutschen Stellwerksanlagen dürfen sich zur Vermeidung von Fahrstraßenausschlüssen Durchrutschwege gegenseitig überschneiden, da nicht angenommen wird, dass zwei Züge gleichzeitig durchrutschen. Diese zulässige Sperrzeitüberschneidung erfordert einen besonderen Sperrzeittyp für den Durchrutschweg, wobei bei der Erstellung des Infrastrukturmodells festgelegt werden muss, welche Durchrutschwege sich überschneiden dürfen. Da überschneidende Durchrutschwege eine Standardfunktion deutscher Stellwerke sind, ist diese Funktion auch in den bei der Deutschen Bahn AG eingesetzten Verfahren zur rechnergestützten Fahrplankonstruktion implementiert. Bei Benutzung von Programmen, die diese Funktion nicht zur Verfügung stellen, besteht eine mögliche Lösung darin, im Infrastrukturmodell fiktive Gleise zur Aufnahme der Durchrutschwege vorzusehen. Dabei müssen folgende Randbedingungen erfüllt werden:

- Durchrutschwege, die sich in der realen Infrastruktur überschneiden dürfen, müssen im Datenmodell vollständig voneinander getrennt verlaufen.
- Ein über ein fiktives Gleis laufender Durchrutschweg muss die Fahrwege aller Zugstraßen berühren, mit denen er sich ausschließen soll.
- Fahrwege von Zügen dürfen nicht über fiktive Gleise laufen.

Im Beispiel von Abb. 2.13 werden diese Bedingungen dadurch eingehalten, dass der Durchrutschweg von Signal N2 ohne Berührung des Durchrutschweges hinter Signal N1 über ein fiktives Gleis geführt wird und dann jedoch in das gleiche Gleis einmündet wie die am Signal N1 beginnende Zugstraße. Dadurch schließt sich eine Ausfahrt am Signal N1 mit dem Durchrutschweg von Signal N2 aus. Da eine

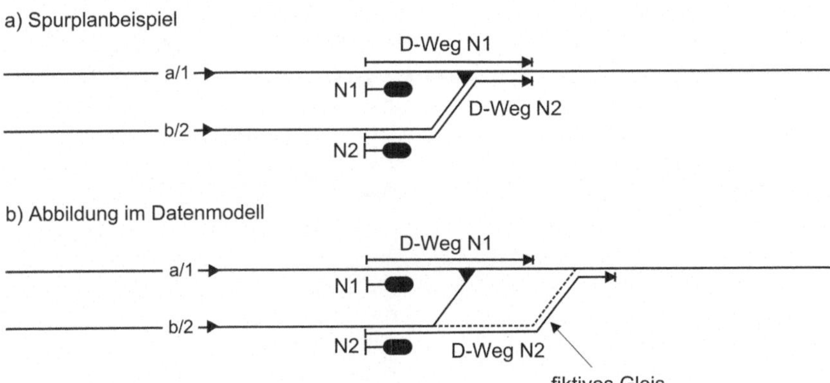

Abb. 2.13 Beispiel für die Realisierung sich überschneidender Durchrutschwege durch ein fiktives Gleis

Ausfahrt am Sigal N2 über den realen Fahrweg geführt wird, der den Durchrutschweg von Signal N1 berührt, ist auch dieser Ausschluss sichergestellt. Der Wert der Länge des fiktiven Gleises wird dabei so festgelegt, dass die vorgeschriebene Länge des Durchrutschweges eingehalten wird.

2.4.2 Pendelnde Durchrutschwege

Im Ausland ist unter der Bezeichnung pendelnder Durchrutschweg (engl. „swinging overlap") eine in Deutschland unbekannte Form der Durchrutschwegsicherung verbreitet, bei der der Verlauf des Durchrutschweges ohne Rücknahme der Fahrstraße nachträglich gewechselt werden kann. Dabei muss zum Wechsel eines verschlossenen Durchrutschweges zunächst der neue Durchrutschweg aufgebaut werden, worauf dann der Verschluss der in den neuen Durchrutschweg führenden spitz befahrenen Weiche aufgehoben wird. Schon in der Relaistechnik läuft dieser Durchrutschwegwechsel weitgehend automatisiert ab, indem ein bestehender Durchrutschweg selbsttätig in ein anderes Gleis wechselt, wenn eine Fahrstraße einläuft, die diesen Durchrutschweg berührt. Da bei Bahnen, die diese Form der Durchrutschwegsicherung verwenden, einander überschneidende Durchrutschwege in der Regel unzulässig sind, wird auch bei einem Konflikt zweier sich berührender Durchrutschwege ein Durchrutschwegwechsel vorgenommen.

Die Sperrzeit der hinter der Verzweigungsweiche liegenden Gleisabschnitte des alten Durchrutschweges endet mit dem Umstellen dieser Weiche. Die Sperrzeit der hinter der Verzweigung liegenden Gleisabschnitte des neuen Durchrutschweges

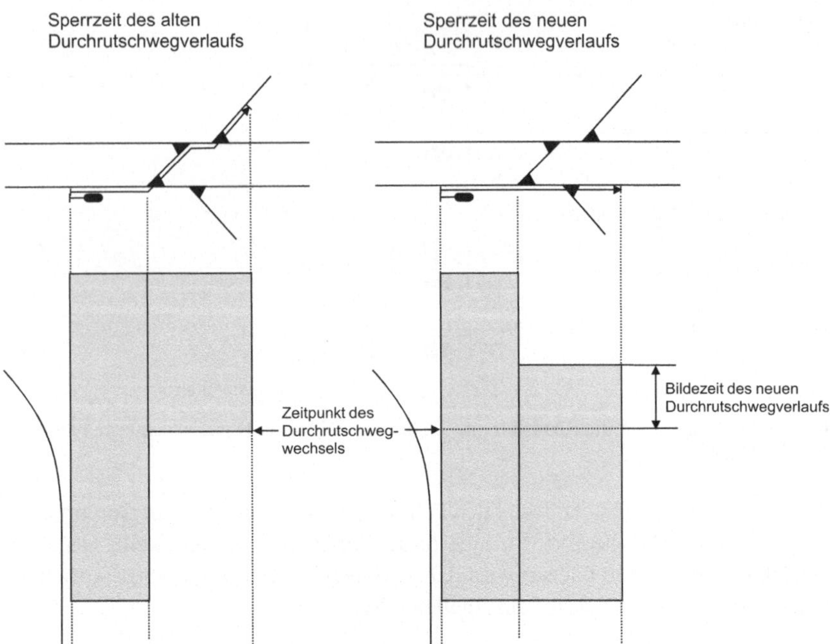

Abb. 2.14 Sperrzeit eines pendelnden Durchrutschweges

beginnt mit dem Anstoß zur Bildung dieses Durchrutschwegteils. Für die Dauer
der Durchrutschwegbildezeit sind hinter der Verzweigung kurzzeitig beide Durchrutschwegverläufe durch eine Sperrzeit belegt (Abb. 2.14). Es ist dabei unerheblich, ob als logischer Verzweigungspunkt die Weichenspitze, die Weichenmitte
oder das Grenzzeichen der Verzweigungsweiche angesetzt wird. Wichtig ist nur,
dass die Weiche selbst ununterbrochen durch eine Sperrzeit belegt sein muss.

Obwohl die Funktionalität pendelnder Durchrutschwege die Leistungsfähig-
keit von Fahrstraßenknoten entscheidend beeinflussen kann, können die derzeit
am Markt befindlichen Programme zur Fahrplankonstruktion diese Funktion nur
unzureichend abbilden. Eine mögliche Lösung wäre die Anwendung so genannter
bedingter Sperrzeiten. Dabei werden bei der Berechnung der Sperrzeiten der einzelnen Abschnitte einer Fahrstraße zunächst alle hinter den Zielsignal möglichen
Durchrutschwegverläufe vorsorglich mit einer Sperrzeit, der bedingten Sperrzeit,
belegt. Wird eine andere Fahrstraße eingestellt, die einen dieser mit bedingten
Sperrzeiten belegten Durchrutschwege berührt, so wird dieser Durchrutschweg-

verlauf gelöscht, sofern noch mindestens ein alternativer Durchrutschweg verfügbar ist. Sobald von allen möglichen Durchrutschwegen nur noch einer übrig ist, wird die bedingte Sperrzeit dieses Durchrutschweges in eine unbedingte Sperrzeit umgewandelt. Wenn eine der einen projektierten Durchrutschweg kreuzenden Fahrstraßen aufgelöst hat, kann die bedingte Sperrzeit für diesen Durchrutschwegverlauf wieder reaktiviert werden. Das ist zur Modellierung von Situationen wichtig, in denen zum Zeitpunkt der Fahrstraßeneinstellung der favorisierte Durchrutschweg wegen einer anderen Fahrstraße noch nicht verfügbar ist, so dass bis zur Auflösung dieser Fahrstraße zunächst auf einen anderen Durchrutschweg ausgewichen werden muss.

2.4.3 Wahldurchrutschwege

Bei Vorhandensein von Wahldurchrutschwegen kann der Bediener beim Einstellen einer Fahrstraße zwischen verschiedenen Durchrutschwegen wählen. Nach dem Einstellen der Fahrstraße ist der Durchrutschweg im Unterschied zu pendelnden Durchrutschwegen jedoch nicht mehr änderbar. Wahldurchrutschwege kommen in deutschen Stellwerken häufig zur Anwendung. Dabei kann eine Wahlmöglichkeit zwischen Durchrutschwegen mit unterschiedlichem Durchrutschwegverlauf und/oder Durchrutschwegen mit unterschiedlicher Länge eingerichtet sein.

Die Wahlmöglichkeit zwischen Durchrutschwegen mit unterschiedlichem Verlauf wird vorzugsweise dort eingerichtet, wo sich nach dem Zielsignal einer Fahrstraße Laufwege von Zügen verzweigen. Indem bei der Einfahrt ein Durchrutschweg gewählt wird, der in die Richtung weist, in der der Zug seine Fahrt fortsetzt, braucht zum Einstellen der Ausfahrstraße die Auflösung des Durchrutschweges nicht abgewartet zu werden. Daher kann in den Fällen, in denen der Zug seine Fahrt nach einem Halt ohne Richtungswechsel fortsetzt, die Sperrzeit anhand des folgenden Fahrwegverlaufs automatisch dem richtigen Durchrutschweg zugeordnet werden. Sollen auch bei endenden und wendenden Zügen Wahldurchrutschwege berücksichtigt werden, um Konflikte mit anderen Fahrten zu vermeiden, ist in der Software eine Funktion erforderlich, mit der der Fahrplanbearbeiter den zu nutzenden Durchrutschweg vorgeben kann.

Wenn der Fahrdienstleiter bei einem Fahrstraßenkonflikt im Durchrutschweg auf einen verkürzten Durchrutschweg ausweicht, wird am Startsignal der Fahrstraße eine entsprechend reduzierte Geschwindigkeit signalisiert. Bei einigen Bahnen können verkürzte Durchrutschwege nachträglich auf die volle Länge ausgedehnt werden, nachdem die entsprechenden Gleisabschnitte verfügbar geworden sind.

Dies kann mit einer selbsttätigen Aufwertung des Geschwindigkeitsbegriffs am Startsignal kombiniert sein. In Deutschland kommt ein solches Verfahren derzeit nur bei Stadtschnellbahnen im Geltungsbereich der Verordnung über den Bau und Betrieb von Straßenbahnen (BOStrab) zur Anwendung.

Bei Bahnen im Geltungsbereich der Eisenbahn-Bau- und Betriebsordnung (EBO) ist eine Aufwertung der Geschwindigkeitsanzeige am Startsignal nur beim nachträglichen Auf-Fahrt-Stellen des nächsten Signals möglich, so dass der Durchrutschweg durch eine Zugstraße überstellt wird.

Verkürzte Durchrutschwege werden meist benutzt, um die Auswirkungen von Verspätungen zu reduzieren. Die Fahrplantrassen werden üblicherweise mit der regulären Durchrutschweglänge geplant, im laufenden Betrieb kann der Fahrdienstleiter zur Vermeidung oder Begrenzung einer Folgeverspätung jedoch entscheiden, einen verkürzten Durchrutschweg zu wählen, wenn die Verspätung aufgrund der Fahrzeitverlängerung geringer ist als die zu erwartende Folgeverspätung aufgrund eines Fahrstraßenkonfliktes mit dem regulären Durchrutschweg. In selteneren Fällen kann es jedoch auch sinnvoll sein, die Benutzung eines verkürzten Durchrutschweges im Fahrplan vorzusehen. Die Umsetzung im Sperrzeitmodell ist kein Problem, die Wahl eines verkürzten Durchrutschwegss sollte aber nicht selbsttätig durch das Fahrplanbearbeitungssystem vorgenommen, sondern durch den Fahrplanbearbeiter im Einzelfall vorgegeben werden. Ansonsten wäre nicht auszuschließen, dass das Fahrplanbearbeitungssystem bei Trassenkonflikten auch in unnötigen Fällen einen verkürzten Durchrutschweg wählt und damit unnötige Verspätungen produziert.

2.4.4 Mittelweichen

Mittelweichen sind Weichen innerhalb eines Bahnhofs, die bei der Einfahrt des Zuges planmäßig nicht freigefahren werden. Sie müssen sowohl bei der Einfahrt als auch bei der Ausfahrt gesichert werden. In älteren Stellwerken lösen Mittelweichen nach der Einfahrt unter dem zum Halten gekommenen Zug auf. Dabei werden Mittelweichen bei der Fahrstraßenauflösung technisch wie ein vor dem Zielsignal beginnender Durchrutschweg behandelt, weswegen dieses Verfahren auch als „vorgezogene Durchrutschwegauflösung" bezeichnet wird. In neueren Stellwerken wird zur Sicherung der Mittelweichen eine sog. Mittelweichenteilfahrstraße eingerichtet, die auch nach der Durchrutschwegauflösung festgelegt bleibt und erst nach dem Freifahren auflöst. Bei der Behandlung von Mittelweichen im Sperrzeitmodell sind zwei Fälle zu unterscheiden:

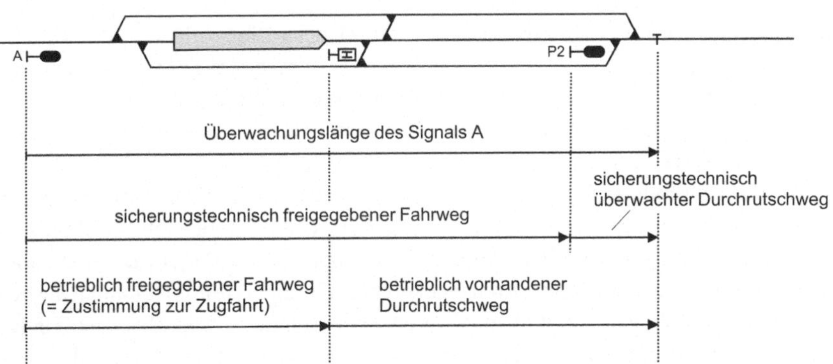

Abb. 2.15 Planmäßiger Halt eines Zuges vor Mittelweichen ohne projektierte Kurzeinfahrt (übliche Lösung in älteren Stellwerken)

- Der planmäßige Halt des Zuges liegt hinter den Mittelweichen, so dass der Zug die Mittelweichen nach der Einfahrt besetzt. Dabei ist es für die Behandlung der Mittelweichen im Sperrzeitmodell ohne Belang, ob sie bei Anwendung der vorgezogenen Durchrutschwegauflösung unter dem stehenden Zug auflösen oder durch eine Mittelweichenteilfahrstraße bis zum Freifahren verschlossen bleiben. In beiden Fällen endet die Sperrzeit der Mittelweichen erst mit dem Freifahren.
- Der planmäßige Halt des Zuges liegt vor den Mittelweichen. In Stellwerken mit vorgezogener Durchrutschwegauflösung endet in diesem Fall die Sperrzeit der vom Zug nicht befahrenen Mittelweichen und des Gleisabschnitts zwischen der letzten Mittelweiche und dem Zielsignal der Fahrstraße mit der Auflösung des Durchrutschweges. Es entsteht sozusagen ein überlanger Durchrutschweg (Abb. 2.15). In modernen Stellwerken ist dieser Fall unüblich, siehe unten stehenden Hinweis.

▶ Hinweis: In modernen Stellwerken wird in Fällen, in denen der gewöhnliche Halteplatz vor einer Mittelweiche liegen würde, eine Kurzeinfahrt mit einem Sperrsignal als Zielsignal projektiert. Für die an diesem Signal endende Kurzeinfahrt besteht dann noch kein Mittelweichenfall. Dieser tritt erst beim Einstellen der Ausfahrstraße ein.

Die richtige Abbildung im Sperrzeitmodell ist durch diese Fallunterscheidungen ggf. schwierig, insbesondere wenn in einem Bahnhofsgleis Halteplätze sowohl vor als auch hinter den Mittelweichen liegen. Um die Komplexität zu reduzieren, wird das Sperrzeitende der Mittelweichen oft pauschal an die Auflösung des Durchrutschweges gekoppelt, was sich an die Logik der vorgezogenen Durchrutschwegauflösung anlehnt. Durch diese Vereinfachung können allerdings in den Fällen, in denen Züge auf Mittelweichen zum Halten kommen, im Bereich der Mittelweichen unzulässige „Löcher" im Sperrzeitenbild entstehen.

Wenn aufgrund der Topologie ein logisches Befahren des Sperrzeitloches nicht möglich ist, sind diese Sperrzeitlöcher trotz ihrer Unkorrektheit für die Zugfolge unkritisch. Wenn jedoch wie in Abb. 2.15 die Topologie in diesem Bereich Fahrwegkreuzungen enthält, wären kreuzende Fahrten im Sperrzeitmodell nicht ausgeschlossen, obwohl das Bahnhofsgleis durch einen Zug besetzt ist. Das kann Fehler bei der Ermittlung der zulässigen Lage von Fahrplantrassen zur Folge haben, indem Sperrzeitüberschneidungen nicht erkannt werden. Eine praktikable Lösung besteht in der Anwendung so genannter „fiktiver Signale". Dazu wird im Infrastrukturmodell vor den Mittelweichen ein zusätzliches und in der Realität nicht vorhandenes (deshalb fiktives) Hauptsignal angeordnet. Dieses Signal wirkt wie ein fiktives Zielsignal für die Fahrstraße vom rückliegenden Hauptsignal und wie ein fiktives Startsignal für die Fahrstraße zum folgenden Hauptsignal. Dadurch wird die über die Mittelweichen führende Fahrstraße in zwei fiktive Fahrstraßen geteilt. Die Mittelweichen sind jetzt in diesem logischen Modell keine Mittelweichen mehr, sondern liegen im befahrenen Teil der am fiktiven Signal beginnenden Fahrstraße und im Durchrutschweg der am fiktiven Signal endenden Fahrstraße.

Um sicherzustellen, dass das fiktive Signal keine Wirkung auf die Zugfolge hat und somit keine Sperrzeiten verfälscht, muss die Signalzugschlussstelle dieses Signals mit der Signalzugschlussstelle des folgenden Signals zusammengelegt werden. Zusätzlich ist die Durchrutschwegsicherung des fiktiven Signals bis zum Ende des Durchrutschweges des folgenden Signals auszudehnen. Beide Bedingungen sind erfüllt, wenn die Überwachungslänge des fiktiven Signals vollständig von der Überwachungslänge des rückliegenden Signals überdeckt wird und beide Überwachungslängen an der Signalzugschlussstelle des folgenden Signals enden (Abb. 2.16). Bei projektierter Kurzeinfahrt fällt das fiktive Signal mit dem als Zielsignal der Einfahrstraße fungierenden Sperrsignal zusammen. In diesem Fall ist hinter diesem Signal kein Durchrutschweg vorzusehen. Die Fahrstraßenzugschlussstelle der Mittelweichen ist in Abhängigkeit von der vorhandenen Stellwerkstechnik so festzulegen, dass sie bei einer Ausfahrt entweder unmittelbar nach dem Freifahren oder zusammen mit der Ausfahrstraße auflösen.

Beim Einstellen einer Einfahrt mit planmäßigem Halt hinter den Mittelweichen wird das fiktive Signal überstellt. Wenn die Mittelweichen durch einen langen Zug nicht freigefahren werden, löst die am fiktiven Signal beginnende Fahrstraße nicht auf, so dass kein Sperrzeitloch entsteht. Bei der Ausfahrt des Zuges lösen die Mit-

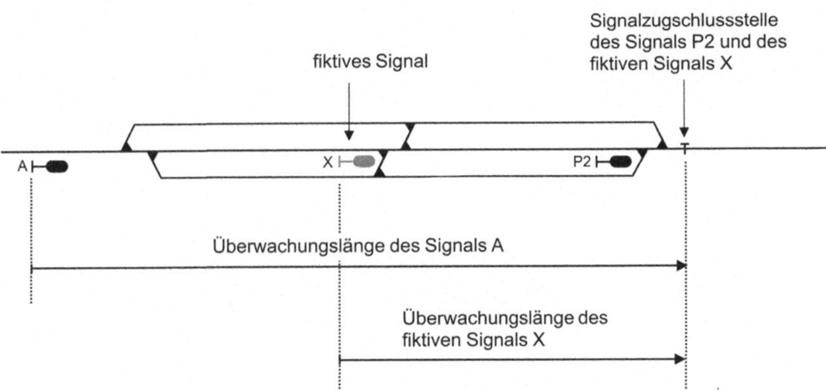

Abb. 2.16 Fiktives Signal zur richtigen Zuordnung der Sperrzeit von Mittelweichen

telweichen als befahrener Teil der am fiktiven Signal beginnenden Fahrstraße auf. Beim Einstellen einer Einfahrt mit planmäßigem Halt vor den Mittelweichen dient das fiktive Signal als Zielsignal. Beim Einstellen einer Ausfahrt dient das fiktive Signal als Startsignal, und das folgende Hauptsignal wird überstellt. Dadurch ist sichergestellt, dass die Mittelweichen auch bei der Ausfahrt stets verschlossen werden und der Abschnitt zwischen den Mittelweichen und dem folgenden Hauptsignal in die Ausfahrstraße einbezogen wird. Obwohl sich dieses Prinzip an die Logik der Mittelweichenteilfahrstraßen anlehnt, ist es als universelle Methode zur korrekten Zuordnung der Sperrzeiten von Mittelweichen auch für andere Formen der Mittelweichensicherung anwendbar.

Alternative Ansätze und Weiterentwicklungen des Sperrzeitmodells

3

3.1 Das Modell der „geschützten Zone"

In einigen Programmen zur rechnergestützten Fahrplankonstruktion und zur Leistungsuntersuchung wird ein Modell verwendet, das dem Sperrzeitmodell ähnelt, sich aber von diesem in einem wesentlichen Punkt unterscheidet. Es wird hier als das Modell der „geschützten Zone" (von engl. „protected zone model") bezeichnet (Hansen und Pachl 2013). Der Grundgedanke ist, dass hinter jedem Zug durch das Signalsystem eine geschützte Zone erzeugt wird, durch die sich der Zug gegen Folgefahrten schützt. Diese Zone besteht aus zwei Bereichen (Abb. 3.1a).

Zunächst folgt unmittelbar auf den Zugschluss der durch ein Halt zeigendes Signal geschützten Bereich. Davor liegt ein Bereich, in den ein folgender Zug zwar einfahren darf, in diesem Fall aber durch einen restriktiven Signalbegriff zum Einleiten eines Bremsvorganges veranlasst wird, um das Halt zeigende Signal nicht zu überfahren. Für behinderungsfreie Fahrt muss sich ein folgender durchfahrender Zug außerhalb der geschützten Zone halten. Die geschützte Zone erreicht ihre größte Ausdehnung, kurz bevor der Zug die für die Freigabe eines Blockabschnitts maßgebende Signalzugschlussstelle räumt (Abb. 3.1b). Nach Freigabe des Blockabschnitts hat die geschützte Zone ihre kürzeste Länge und dehnt sich anschließend wieder auf die volle Länge aus. Den Schritt von Abb. 3.1b nach 3.1c kann man als eine Stufe in der Sperrzeitentreppe interpretieren. Der entscheidende Unterschied zum Sperrzeitmodell besteht darin, dass die Fahrzeit innerhalb des Bremsweges dem Zug nicht in Form einer Annäherungsfahrzeit vorausläuft, sondern in Form einer Schleppe folgt. Die Schwäche dieses Verfahrens liegt nun darin, dass es sich bei dieser Zeit um die Annäherungsfahrzeit eines potenziell folgenden Zuges handelt, dessen Geschwindigkeit noch gar nicht bekannt ist. Damit funktioniert das Verfahren nur in ortsfesten Signalsystemen, bei denen für alle Züge der gleiche Vorsignalabstand gilt. Systeme mit Führerraumsignalisierung, bei

© Springer Fachmedien Wiesbaden 2015
J. Pachl, *Das Sperrzeitmodell in der Fahrplankonstruktion*, essentials,
DOI 10.1007/978-3-658-11128-1_3

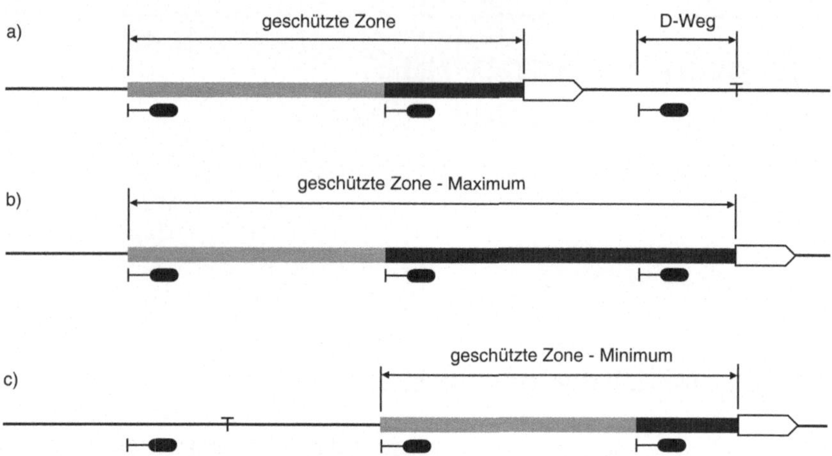

Abb. 3.1 Das Modell der „geschützten Zone"

denen der Bremsweg geschwindigkeitsabhängig ist, sind nicht abbildbar. Das Gleiche gilt für Systeme mit ortsfesten Signalen, bei denen bei kurzen Signalabständen der Bremsweg in Abhängigkeit von der Geschwindigkeit auf eine wechselnde Anzahl von Blockabschnitten verteilt wird. Schwierig ist auch die Unterscheidung zwischen durchfahrenden und haltenden Zügen. Hier muss man haltenden Züge erlauben, in den ersten, noch nicht durch ein Halt zeigendes Signal geschützten Bereich der geschützten Zone einzufahren. Beim Durchfahren von Bahnhöfen können sogar geschützte Zonen auf einmündenden Gleisen entstehen, die aktuell von haltenden Zügen besetzt sind. Bei einer grafischen Darstellung der Belegung gibt es daher viele zulässige Überlappungen, die die saubere Erkennung der Konfliktfreiheit erschweren. Auch die Nachbildung von zeitverzögert auflösenden Durchrutschwegen ist problematisch. Insgesamt bietet das Sperrzeitmodell bei vergleichbarem rechentechnischen Aufwand eine klarere Darstellung der Streckenbelegung. Bei neuen Entwicklungen sollte daher das Sperrzeitmodell bevorzugt werden.

3.2 Stochastische Sperrzeiten

Während die Einführung von rechnergestützten Verfahren zur Fahrplankonstruktion auf Basis des Sperrzeitmodells einen großen Fortschritt gegenüber den davor üblichen vereinfachten Betrachtungsweisen darstellte, bleibt als ein gewisser Schwachpunkt des Sperrzeitmodells, dass es sich um eine rein deterministische

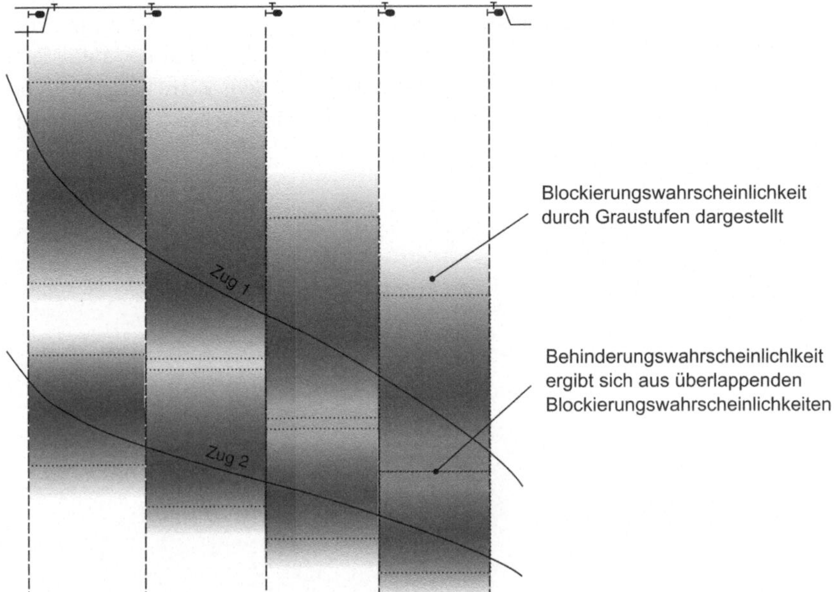

Abb. 3.2 Visualisierung stochastischer Sperrzeiten

Sichtweise handelt. In den heute eingesetzten Lösungen werden die Grenzen der Sperrzeitentreppen als absolut angesehen, d. h. die Konfliktwahrscheinlichkeit zwischen zwei geplanten Fahrplantrassen beträgt 0, wenn sich die Sperrzeitentreppen nicht überlappen, und 1, wenn sie sich überlappen. In der Realität sind die einzelnen Komponenten der Sperrzeit jedoch stochastische Größen, die einer gewissen Streuung unterliegen. Dieses Problem versucht man heute durch Pufferzeiten abzufangen, die im Fahrplan zwischen den Sperrzeitentreppen freizuhalten sind. Neuere Ansätze versuchen, die der Realität besser entsprechende Unschärfe im Sperrzeitmodell abzubilden, indem der deterministische durch einen stochastischen Ansatz ersetzt wird (Medeossi et al. 2011). In diesem Modell hat das Sperrzeitfenster keine scharfe Grenze mehr, sondern wird durch eine Blockierungswahrscheinlichkeit ersetzt, die mit steigendem Abstand von der Zeit-Weg-Linie abnimmt (Abb. 3.2).

Aus der Überlagerung der Blockierungswahrscheinlichkeiten zweier, aufeinander folgender Züge ergibt sich die Behinderungswahrscheinlichkeit für diesen Zugfolgefall bei einer gegebenen Zugfolgezeit. Die Zulässigkeit der Lage einer Fahrplantrasse wird nicht mehr anhand absoluter Konfliktfreiheit, sondern anhand eines zulässigen Grenzwertes für die Behinderungswahrscheinlichkeit beurteilt.

Pufferzeiten gibt es in diesem Modell nicht mehr, einer Vergrößerung der Pufferzeit im deterministischen Modell entspricht eine Verringerung der zulässigen Behinderungswahrscheinlichkeit im stochastischen Modell. Zum Vergleich sind in Abb. 3.2 die Grenzen der Sperrzeiten des determininistischen Modells als gepunktete Linien eingetragen.

Belegung fahrplantechnischer Zugfolgeabschnitte

4

4.1 Ermittlung der Belegung der Zugfolgeabschnitte

Die fahrplantechnischen Zugfolgeabschnitte sind nicht mit den im betrieblichen Regelwerk definierten Zugfolgeabschnitten identisch. Während die betrieblichen Zugfolgeabschnitte den durch Hauptsignale oder Blockkennzeichen begrenzten Blockabschnitten entsprechen, werden die fahrplantechnischen Zugfolgeabschnitte durch die Fahrzeitmesspunkte aufeinander folgender Zugfolgestellen begrenzt. Der Fahrzeitmesspunkt ist der für jede Betriebsstelle festgelegte und im Bildfahrplan durch eine Ortslinie festgelegte Ort, auf den alle im Fahrplan ausgewiesenen Ankunfts-, Abfahr- und Durchfahrzeiten bezogen sind. Durch diese Betrachtungsweise ergeben sich folgende Vereinfachungen (Abb. 4.1):

- Durch „Komprimierung" der Betriebsstellen auf einen Punkt weichen die Fahrzeitmesspunkte von den Signalstandorten ab.
- In Bahnhöfen wird der Abschnitt zwischen Einfahr- und Ausfahrsignal nicht als eigenständiger Zugfolgeabschnitt betrachtet. Die Belegung dieses Gleisabschnitts wird nur durch über die am Fahrzeitmesspunkt angetragene Haltezeit erfasst.

In großen Bahnhöfen (insbesondere bei mehreren Bahnhofsteilen) können auch mehrere Fahrzeitmesspunkte eingerichtet sein. Sofern diese aufgrund der Signalanordnung im Bahnhof für die Zugfolge relevant sind, begrenzen sie auch innerhalb des Bahnhofs einen Zugfolgeabschnitt. Fahrzeitmesspunkte, die keine Zugfolgeabschnitte begrenzen – dazu gehören auch Haltepunkte, die keine Blockstellen sind – werden im Bildfahrplan nur durch eine gestrichelte Ortslinie dargestellt.

© Springer Fachmedien Wiesbaden 2015
J. Pachl, *Das Sperrzeitmodell in der Fahrplankonstruktion*, essentials,
DOI 10.1007/978-3-658-11128-1_4

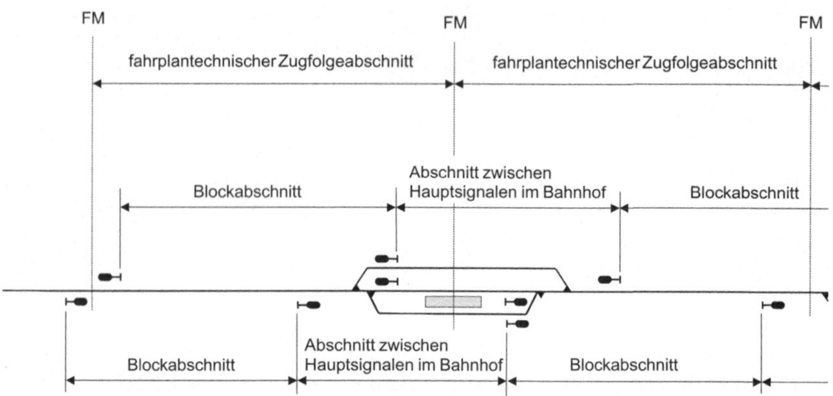

Abb. 4.1 Fahrzeitmesspunkte und fahrplantechnische Zugfolgeabschnitte

Die Mindestzugfolgezeit in einem Zugfolgeabschnitt ergibt sich als Summe aus der Fahrzeit zwischen den Fahrzeitmesspunkten und einem pauschalen Sperrzeitzuschlag (Abb. 4.2).

Dieser Sperrzeitzuschlag soll in möglichst guter Näherung die in der Fahrzeit zwischen den Fahrzeitmesspunkten noch nicht enthaltene Nachbelegungszeit des ersten und Vorbelegungszeit des zweiten Zuges abdecken. Die nachlaufende Vorbelegungszeit des zweiten Zuges ähnelt etwas dem als Alternative zum Sperrzeitmodell beschriebenen Ansatz der „geschützten Zone" (siehe Abschn. 3.1). Alternativ kann man den Sperrzeitzuschlag auch teilen (üblicherweise halbieren) und einen Teil als Vorbelegungszeit der Fahrzeit im Zugfolgeabschnitt vorauslaufen und den zweiten Teil als Nachbelegungszeit folgen lassen. In beiden Fällen ergibt sich die gleiche Zugfolgezeit.

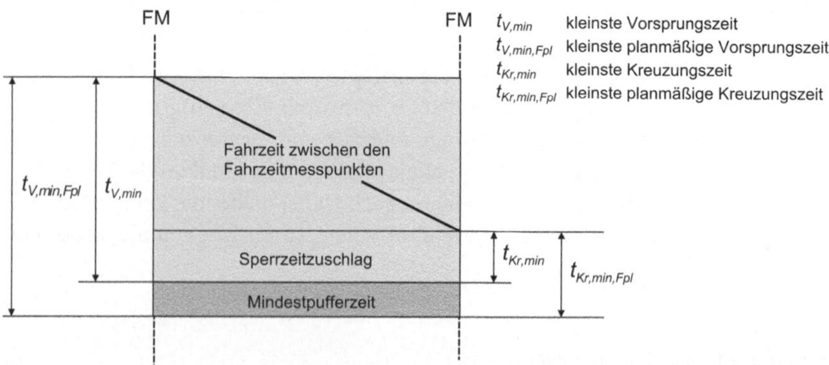

Abb. 4.2 Bestimmung der Zugfolgezeiten in einem fahrplantechnischen Zugfolgeabschnitt

Zur Bestimmung der frühestmöglichen planmäßigen Lage eines folgenden Zuges ist zusätzlich die im Regelwerk zur Fahrplanerstellung festgelegte Mindestpufferzeit freizuhalten. Für den Sperrzeitzuschlag wurde bei der Deutschen Bahn AG zu Zeiten der manuellen Fahrplankonstruktion ein Pauschalwert von 1 min verwendet, der sich als praktikabler Näherungswert für fast alle Zugfolgestellen bewährt hat. Der Umstand, dass in Bahnhöfen die Fahrstraßenbildezeiten meist deutlich größer sind als bei Blockstellen der freien Strecke, was scheinbar einen größeren Sperrzeitzuschlag erfordern würde, wird dadurch kompensiert, dass der Fahrzeitmesspunkt eines Bahnhofs von den Grenzen der anschließenden Blockabschnitte relativ weit entfernt ist. So werden durch die Fahrzeit zwischen dem Einfahrsignal und dem Fahrzeitmesspunkt bereits große Teile der Nachbelegungszeit des am Einfahrsignal endenden Blockabschnitts erfasst (teilweise kann diese Fahrzeit sogar die Nachbelegungszeit übersteigen, siehe dazu folgenden Abschnitt). Genauso deckt die Fahrzeit zwischen dem Fahrzeitmesspunkt und dem Ausfahrsignal Teile der Vorbelegungszeit des am Ausfahrsignal beginnenden Blockabschnitts ab. Lediglich bei größeren Knoten oder bei ungewöhnlichen Signalanordnungen ist es sinnvoll, durch eine Studie zu prüfen, ob der pauschale Sperrzeitzuschlag von 1 min die örtlichen Vor- und Nachbelegungszeiten in hinreichend guter Näherung abbildet oder ob für die betreffenden Zugfolgestellen abweichende Sperrzeitzuschläge festgelegt werden müssen.

Unabhängig davon bleibt jedoch die Vereinfachung bestehen, dass für den Gleisabschnitt zwischen dem Einfahr- und dem Ausfahrsignal eines Bahnhofs kein eigenständiger Zugfolgeabschnitt gebildet wird. Unter der auf den meisten Strecken zutreffenden Bedingung, dass die Blockabschnittslängen auf der freien Strecken deutlich größer sind als die Abstände zwischen den Hauptsignalen im Bahnhof, so dass bei auf gleichem Bahnhofsgleis durchfahrenden Zügen der für die Mindestzugfolgezeit maßgebende Abschnitt in der Regel außerhalb des Bahnhofs liegt, ist diese vereinfachende Betrachtungsweise akzeptabel. Auf Strecken mit sehr dichter Blockteilung ist jedoch zu empfehlen, im Infrastrukturmodell einen eigenständigen Zugfolgeabschnitt für das Bahnhofsgleis einzurichten. Dazu wird am Standort des Einfahrsignals ein zusätzlicher Fahrzeitmesspunkt eingerichtet, der in seiner Wirkung auf die Zugfolge wie eine nur in Einfahrrichtung wirkende Blockstelle behandelt wird.

Obwohl die konkreten Signalstandorte nicht abgebildet werden, muss in den Fällen, in denen ein planmäßiger Halt des Zuges an der Grenze zwischen zwei Zugfolgeabschnitten stattfindet, für die richtige Zuordnung der planmäßigen Haltezeit zur Belegung der Zugfolgeabschnitte die Anordnung der Signale berücksichtigt werden. Dabei sind gemäß Abb. 4.3 folgende Fälle zu unterscheiden:

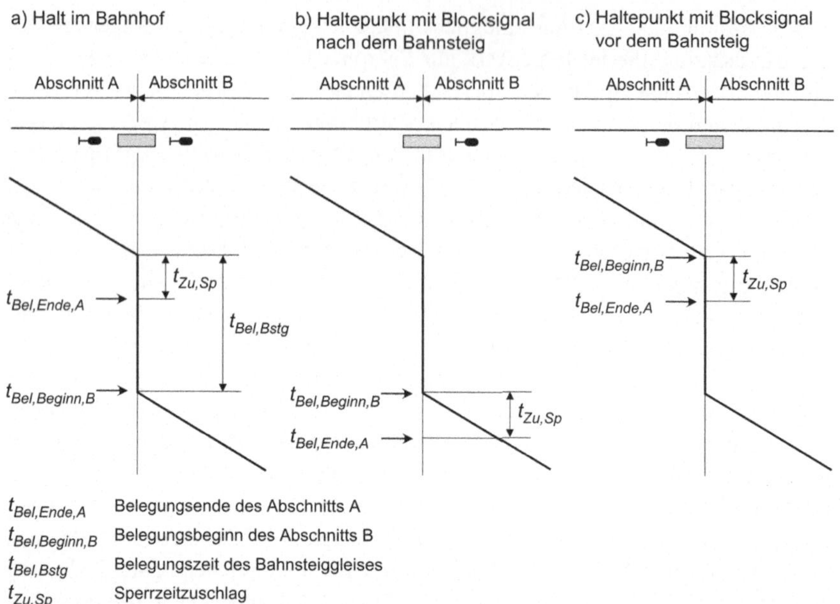

$t_{Bel,Ende,A}$ Belegungsende des Abschnitts A
$t_{Bel,Beginn,B}$ Belegungsbeginn des Abschnitts B
$t_{Bel,Bstg}$ Belegungszeit des Bahnsteiggleises
$t_{Zu,Sp}$ Sperrzeitzuschlag

Abb. 4.3 Zuordnung der Haltezeiten zur Belegung fahrplantechnischer Zugfolgeabschnitte. **a** Halt im Bahnhof. **b** Haltepunkt mit Blocksignal nach dem Bahnsteig. **c** Haltepunkt mit Blocksignal vor dem Bahnsteig.

- planmäßiger Halt in einem Bahnhofsgleis, (Abb. 4.3a)
- planmäßiger Halt an einem Haltepunkt, wobei hinter dem Bahnsteig ein Blocksignal angeordnet ist, (Abb. 4.3b)
- planmäßiger Halt an einem Haltepunkt, wobei vor dem Bahnsteig ein Blocksignal angeordnet ist (soll möglichst nicht geplant werden, kommt jedoch in der Praxis vor, Abb. 4.3c).

Beim Halt in einem Bahnhofsgleis wird der rückliegende Zugfolgeabschnitt mit der Ankunft des Zuges geräumt und der folgende Zugfolgeabschnitt mit der Abfahrt des Zuges belegt. Die Haltezeit am Bahnsteig fällt aus der Belegung der Zugfolgeabschnitte heraus. Der Fahrzeitmesspunkt im Bahnhof repräsentiert dadurch ein eigenständiges, von den angrenzenden Zugfolgabschnitten zu trennendes Belegungselement. Bei Halt an einem Haltepunkt mit einem Blocksignal nach dem Bahnsteig zählt die Haltezeit zur Belegung des rückliegenden Zugfolgeabschnitts. Mit der Abfahrt des Zuges wird der folgende Zugfolgeabschnitt belegt und der rückliegende Zugfolgeabschnitt freigegeben. Steht ein Blocksignal vor dem Bahnsteig eines Haltepunktes (ein bei der betrieblichen Infrastrukturplanung möglichst zu vermeidender Fall), so zählt die Haltezeit zur Belegung des folgenden Zugfolgeabschnitts. Hier wird dieser Zugfolgeabschnitt mit der Ankunft des Zuges belegt und der rückliegende Zugfolgeabschnitt freigegeben.

4.2   Spezialfälle der Belegung fahrplantechnischer Zugfolgeabschnitte

4.2.1   Negative Kreuzungs- und Räumfahrzeiten

Die Ursache negativer Kreuzungs- und Räumfahrzeiten liegt in der Abweichung der fahrplantechnischen Zugfolgeabschnitte von den betrieblichen Zugfolgeabschnitten begründet. Negative Kreuzungszeiten können auftreten, wenn in einem Kreuzungsbahnhof der Fahrzeitmesspunkt sehr weit von der für den Kreuzungsfall maßgebenden Weiche entfernt ist. In diesem Fall wird der eingleisige Streckenabschnitt nach der Einfahrt so rechtzeitig freigegeben, dass die Abfahrt des in diesen Abschnitt ausfahrenden Zuges bereits vor der Ankunft des Gegenzuges stattfinden kann. Ein analoger Fall kann auch an Überleitstellen auftreten, an denen eine zweigleisige in eine eingleisige Strecke übergeht, sofern sich im zweigleisigen Bereich ein Haltepunkt in der Nähe der Überleitstelle befindet.

Eine negative Räumfahrzeit als Teil der Belegungszeit eines fahrplantechnischen Zugfolgeabschnitts entsteht, wenn der Fahrzeitmesspunkt eines Bahnhofs so weit vom Einfahrsignal entfernt ist, dass die Sperrzeit des vor dem Einfahrsignal liegenden Blockabschnitts bereits endet, bevor der Zug den Fahrzeitmesspunkt erreicht. Diese Zeitdifferenz ist als negative Räumfahrzeit von der Belegungszeit des fahrplantechnischen Zugfolgeabschnitts wieder abzuziehen. Falls negative Kreuzungs- und Räumfahrzeiten bei der Fahrplanbearbeitung stören, lassen sie sich durch logische Aufteilung der betreffenden Betriebsstelle in mehrere kleinere Betriebsstellen mit eigenen Fahrzeitmesspunkten vermeiden.

4.2.2   Abbildung anderer Verfahren zur Abstandshaltung

Da bei der Betrachtung der Belegung fahrplantechnischer Zugfolgeabschnitte die Zugfahrten nur an den Fahrzeitmesspunkten erfasst werden, ist eine unmittelbare Abbildung von Verfahren zur Abstandshaltung, die vom Fahren im festen Raumabstand abweichen, nicht möglich. Solche Verfahren können im Planungsprozess nur über das Fahren im Zeitabstand angenähert werden. Für das bei straßenabhängigen Bahnen im Geltungsbereich der BOStrab zugelassene Fahren auf Sicht ist diese

Näherung in der Fahrplanerstellung völlig ausreichend. Im Gegensatz zu der in der Frühzeit der Eisenbahn üblichen Anwendung des Fahrens im Zeitabstand, wobei die Einhaltung des Zeitabstand nur bei der Abfahrt eines Zuges sichergestellt werden konnte, wird bei Anwendung dieses Verfahrens in der Fahrplankonstruktion der Zeitabstand an jedem Fahrzeitmesspunkt sowohl bei der Ankunft als auch bei der Abfahrt eingehalten. Dabei sind alle verfügbaren Fahrzeitmesspunkte zu berücksichtigen. Dadurch belegt jeder Zug einen in der Breite vorgegebenen Zeitkanal, der sich nicht mit den Zeitkanälen anderer Züge überschneiden darf.

Zusammenfassender Vergleich der Methoden 5

Obwohl die Sperrzeittheorie bereits in den 1950er Jahren entwickelt wurde, blieb ihre praktische Nutzung über Jahrzehnte auf das Gebiet eisenbahnbetriebswissenschaftlicher Untersuchungen beschränkt. Erst gegen Ende der 1990er Jahre fanden mit der Einführung der rechnergestützten Fahrplankonstruktion Sperrzeiten Eingang in die Betriebsplanung. Trotzdem ist auch das aus der manuellen Fahrplankonstruktion stammende traditionelle Verfahren der Betrachtung fahrplantechnischer Zugfolgeabschnitte durch den Übergang zur rechnergestützten Fahrplankonstruktion nicht obsolet geworden. Auch dieses Verfahren lässt sich in eine rechnergestützte Lösung überführen, und es existieren Programme, die dieses Prinzip (teilweise alternativ zur Sperrzeitbetrachtung) anwenden. Beide Verfahren haben aus praktischer Sicht gewisse Stärken und Schwächen, die hier zur Erleichterung der Entscheidungsfindung für den Anwender zusammengestellt werden.

Unbestrittene Stärke des Sperrzeitmodells ist die Exaktheit der Abbildung der räumlichen und zeitlichen Beanspruchung der Infrastruktur durch eine Fahrplantrasse. Dies ermöglicht stets eine eindeutige Prüfung der Konfliktfreiheit mit genauer Lokalisierung der Stellen, wo Pufferzeiten vorzusehen sind, um Verspätungsübertragungen vorzubeugen. Das ist insbesondere in komplexen Anlagen (z. B. großen Knotenbereichen) von Vorteil, die in ihren betrieblichen Abhängigkeiten und Ausschlüssen sonst nur schwer zu durchschauen sind. Aufgrund der Vollständigkeit der Abbildung der Inanspruchnahme der Infrastruktur lassen sich mit den erzeugten Fahrplandaten nicht nur Bildfahrpläne, sondern auch Fahrpläne für Zugmeldesellen erstellen. Darüber hinaus kann ein auf diesem Verfahren basierendes Fahrplankonstruktionsprogramm neben der Fahrplanbearbeitung auch zur deterministischen Bestimmung von Kennwerten des Leistungsverhaltens von Strecken und Knoten verwendet werden. So sind über die Sperrzeitentreppen die Mindestfolgezeiten und damit der verkettete Belegungsgrad und die Fahrplanleistungsfähigkeit ableitbar.

© Springer Fachmedien Wiesbaden 2015   41
J. Pachl, *Das Sperrzeitmodell in der Fahrplankonstruktion,* essentials,
DOI 10.1007/978-3-658-11128-1_5

Diesen Vorteilen steht jedoch der nicht zu unterschätzende Nachteil gegenüber, dass dieses Verfahren ein hoch detailliertes Datenmodell zur Abbildung der Infrastruktur erfordert. Neben den zur Berechnung des Fahrtverlaufs erforderlichen fahrdynamischen Daten ist eine vollständige Abbildung der Gleistopologie mit allen für die Sperrzeiten relevanten Daten der Leit- und Sicherungstechnik erforderlich. Dazu gehören insbesondere:

- Signal- und Vorsignalstandorte
- Signalsichtzeiten
- Halteplätze der Züge
- Signal- und Fahrstraßenzugschlussstellen
- Fahrstraßenbildezeiten
- Fahrstraßenauflösezeiten für jedes einzeln auflösende Element und jeden Durchrutschweg.

Der Aufwand zur erstmaligen Erfassung und laufenden Pflege dieser Daten ist nicht unerheblich. Wenn die Daten jedoch einmal vorliegen, sind sie auch für viele andere Zwecke nutzbar, beispielsweise für sicherungstechnische Planungen, die Planung von Bauzuständen oder als Datenbasis für Programme zur Leistungsuntersuchung von Eisenbahnbetriebsanlagen.

Der große Vorteil einer rechnergestützten Fahrplankonstruktion auf der Basis fahrplantechnischer Zugfolgeabschnitte ist der erheblich reduzierte Aufwand zur Erfassung und Pflege der Infrastrukturdaten durch die stark vereinfachte Abbildung der betrieblichen Infrastruktur. Die Topologie wird nur durch die Anzahl der Streckengleise und die Verzweigung von Strecken erfasst. Die Betriebsstellen werden nur durch die Lage des Fahrzeitmesspunktes mit Angabe der Art der Betriebsstelle und der für diesen Fahrzeitmesspunkt geltenden Sperrzeitzuschläge beschrieben. Die Angabe der Art der Betriebsstelle dient dabei nur der richtigen Zuordnung der Haltezeit zu den angrenzenden Zugfolgeabschnitten. Die Topologie der Betriebsstellen und damit auch die Gleisbenutzung in den Betriebsstellen wird nicht beschrieben.

Daraus resultiert aber auch unmittelbar der Nachteil, dass die Prüfung der Konfliktfreiheit bei Weitem nicht mit der gleichen Schärfe wie bei Sperrzeitbetrachtungen möglich ist. Je höher die Komplexität der Infrastruktur, desto stärker ist im Bearbeitungsprozess die Mitwirkung des Bedieners gefordert, der die Konfliktfreiheit der Trassenlagen anhand seiner Ortskenntnis beurteilen muss. Wegen der fehlenden Abbildung der Gleisbenutzung in den Betriebsstellen ist die unmittelbare Ableitung eines Fahrplans für Zugmeldestellen nicht möglich. Zur Aufstellung des Fahrplans für Zugmeldestellen können lediglich die Ankunfts-, Abfahr- und

Durchfahrzeiten übernommen werden, die Gleisbenutzung ist ohne Möglichkeit einer rechnergestützten Plausibilitätsprüfung manuell zuzuweisen.

Zusammenfassend lässt sich feststellen, dass die Anwendung einer sperrzeitbasierten Fahrplanbearbeitung insbesondere für größere Eisenbahninfrastrukturunternehmen mit komplexen Gleisanlagen interessant ist. Hier rechnet sich der höhere Aufwand zur Datenhaltung durch die Einsparung an Arbeitskräften für die Fahrplanbearbeitung und die Synergieeffekte aus der Nutzbarkeit der Infrastrukturdaten für andere Anwendungen. Den Ansprüchen kleinerer Infrastrukturbetreiber mit einem überschaubaren Netz wird dagegen das vereinfachte Verfahren mit Betrachtung fahrplantechnischer Zugfolgeabschnitte vielfach genügen.

Literatur

Happel, O.: Sperrzeiten als Grundlage fur die Fahrplankonstruktion. Eisenbahntechnische Rundsch. **8**(2), 79–90 (1959)

Medeossi, G., Longo, G., de Fabris, S.: A method for using stochastic blocking times to improve timetable planning. J. Rail Transp. Plan. Manage. **1**, 1–13 (2011)

Pachl, J.: Systemtechnik des Schienenverkehrs – Bahnbetrieb planen, steuern und sichern, 7. Aufl. Springer Vieweg, Wiesbaden (2013)

Wendler, E.: Weiterentwicklung der Sperrzeitentreppe fur moderne Signalsysteme. Signal Draht. **87**(7/8), 268–273 (1995)

© Springer Fachmedien Wiesbaden 2015

J. Pachl, *Das Sperrzeitmodell in der Fahrplankonstruktion,* essentials,

DOI 10.1007/978-3-658-11128-1